高等学校动画与数字媒体专业教材

UI用户界面设计

吴翊楠 赵袁冰 ◎ 主　编

张　　璇 张云辉 ◎ 副主编

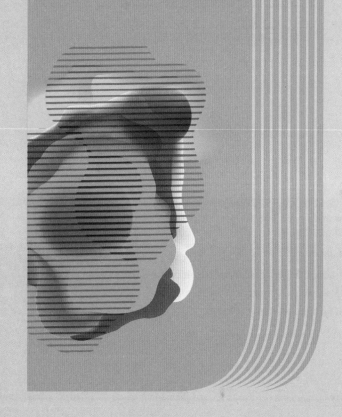

清华大学出版社

北京

内 容 简 介

本书以时代背景为依托，从设计的理论和实践的双重角度入手进行分析解读，全面介绍了UI设计相关知识及实战操作技巧。全书共6章，分别为UI设计概述、UI设计流程、UI构成元素管理、主流移动端UI交互系统、Material Design和设计思维、移动端App界面设计。本书对主流UI设计流程、UI设计软件的操作步骤和设计技巧以图文并茂的方式进行了全面且细致的分析解读，书中内容清晰简洁、案例分析典型有效，可以帮助读者增强理解和掌握UI设计的相关概念知识，有效提高读者在UI设计领域的认知与思辨能力，同时提高读者对实际操作与项目的解读能力。

本书可作为高等院校、职业院校艺术设计类UI课程的专业教材，也可作为UI设计爱好者、相关设计行业从业者的参考用书。

图书在版编目（CIP）数据

UI 用户界面设计 / 吴翊楠，赵袁冰主编 . —北京：清华大学出版社，2024.6
高等学校动画与数字媒体专业教材
ISBN 978-7-302-65845-0

Ⅰ . ① U…　Ⅱ . ①吴…　②赵…　Ⅲ . ①人机界面 – 程序设计 – 高等学校 – 教材　Ⅳ . ① TP311.1

中国国家版本馆 CIP 数据核字（2024）第 061964 号

责任编辑：田在儒
封面设计：刘　键
责任校对：刘　静
责任印制：丛怀宇

出版发行：清华大学出版社
　　　　　网　　　址：https://www.tup.com.cn，https://www.wqxuetang.com
　　　　　地　　　址：北京清华大学学研大厦 A 座　　　　邮　　编：100084
　　　　　社 总 机：010-83470000　　　　　　　　　　　邮　　购：010-62786544
　　　　　投稿与读者服务：010-62776969, c-service@tup.tsinghua.edu.cn
　　　　　质量反馈：010-62772015, zhiliang@tup.tsinghua.edu.cn
　　　　　课件下载：https://www.tup.com.cn, 010-83470410
印 装 者：三河市君旺印务有限公司
经　　销：全国新华书店
开　　本：185mm×260mm　　　印　　张：8.5　　　字　　数：201 千字
版　　次：2024 年 6 月第 1 版　　　　　　　　　　印　　次：2024 年 6 月第 1 次印刷
定　　价：59.00 元

产品编号：094409-01

丛书编委会

主　编

　　吴冠英

副主编（按姓氏笔画排列）

　　王亦飞　　　田少煦　　　朱明健　　　李剑平
　　陈赞蔚　　　於　水　　　周宗凯　　　周　雯
　　黄心渊

执行主编

　　王筱竹

编　委（按姓氏笔画排列）

　　王　珊　　　王　倩　　　师　涛　　　张　引
　　张　实　　　宋泽惠　　　陈　峰　　　吴翊楠
　　赵袁冰　　　胡　勇　　　敖　蕾　　　高汉威
　　曹　翀

|序|

　　每一部既引人入胜又给人以视听极大享受的完美动画片，都是建立在"高艺术"与"高技术"的基础上的。从故事剧本的创作到动画片中每一个镜头、每一帧画面，都必须经过精心设计；而其中的角色也是由动画家"无中生有"地创作出来的。因此，才有了我们都熟知的"米老鼠"和"孙悟空"等许许多多既独特又有趣的动画形象。同时，动画的叙事需要运用视听语言来完成和体现。因此，镜头语言与蒙太奇技巧的运用是使动画片能够清晰且充满新奇感地讲述故事所必须掌握的知识。另外，动画片中所有会动的角色都应有各自的运动形态与规律，才能塑造出带给人们无穷快乐的、具有别样生命感的、活的"精灵"。因此，要经过系统严谨的专业知识学习和有针对性的课题实践，才能逐步掌握这门艺术。

　　数字媒体是当下及未来应用领域非常广阔的专业，是基于计算机科学技术而衍生出来的数字图像、视频特技、网络游戏、虚拟现实等艺术与技术的交叉融合；是更为综合的一门新学科专业，可以培养具有创新思维的复合型人才。此套"高等学校动画与数字媒体专业教材"特别邀请了全国主要艺术院校及重点综合性大学的相关专业院系富有教学和实践经验的一线教师进行编写，充分体现了他们最新的教学理念与研究成果。

　　此套教材突出了案例分析和项目导入的教学方法与实际应用特色，并融入每一个具体的教学环节之中，将知识和实操能力合为一个有机的整体。不同的教学模块设计更方便不同程度的学习者灵活选择，达到学以致用。当然，再好的教科书都只能对学习起到辅助的作用，要想获得真知，则需要倾注你的全部精力与心智。

清华大学美术学院

2020 年 3 月

　　全球信息网络化时代背景下，国内互联网公司的数量呈现出爆发式增长。信息的传播表达与接收在各行各业都起着举足轻重的作用，人们对体验感的好坏越来越重视，也促使各个企业及其输出的产品在客户感官及高效体验上做足了文章。与此同时，UI 设计这一原本陌生的专业名词逐渐被大众知晓，这些综合因素促进了 UI 设计这个专门行业在市场上的发展。

　　本书根据 UI 交互行业现状，全面围绕 UI 设计的相关知识和操作技能及方法进行讲解。针对 UI 设计在行业内的现状，将理论与实际相结合，通过案例分析详细解读了如何从起步开始，循序渐进地成为一名合格的 UI 设计师。目前，UI 市场需求量巨大，行业从业者人数剧增，但行业缺口也是显而易见的。无论是计算机、移动端设备还是 App 软件，无一不对 UI 设计有极大的需求。UI 设计师针对画面、语言、逻辑、美感、便利、用户心理等各要素的运用能力都亟待提升，同时他们也肩负着巨大的责任。如何融合与跨界是 UI 市场及 UI 设计师必须考虑的问题。以 UI 互动为基础，加强与拓宽门类是 UI 设计师必不可少的功课。本书编写涉及的内容，满足高等院校的艺术设计专业在开展 UI 教学时的需求，同时也能有效地帮助那些 UI 行业从业者的实际需求。在梳理理论性知识的同时，本书也注重实际案例的分析与解读。在内容上，本书不仅是一本 UI 基础知识类书籍——除针对基础知识、行业规范、操作方法进行介绍外，同时还通过实际案例对 UI 设计进行更有效的讲解。

　　本书共 6 章，第 1 章为 UI 设计概述，除了针对 UI 设计基本概念定义的讲解以外，也针对 UI 市场化的问题进行了一系列有针对性的解析。第 2 章为 UI 设计流程，包括不同介质原型到各种类操作软件的介绍和应用。第 3 章为 UI 构成元素管理，要点在于"管理"，也就是通过了解和掌握 UI 设计元素，做到合理化协调，重点是思辨能力，要能够做到物有所用、用有所长。第 4 章为主流移动端 UI 交互系统，主要向读者介绍了市场上的三大操作系统——苹果 iOS 系统、谷歌安卓系统、微软 Windows 系统，了解了这三大系统的幕后故事也就意味着掌握了市场上的主流平台，从而在满足基本技术和流程的前提下挑选适合的 UI 组合创意。第 5 章为 Material Design 和设计思维，主要针对谷歌设计团队为安卓系统和 iOS 系统等提出的一套设计思维与设计理念，它模仿用户在现实物理世界的操作进行人与机器的互动，带来了全新的 UI 设计体验和思路。第 6 章为移动端 App 界面设计，贴合当下移动设备如电话、平板电脑、智能手表等平台进行 UI 设计的讲解，通过一系列的案例分析，从图标设计到逻辑流程再到界面分析，详尽的讲解，让读者身临其境地体会到当下市场上的产品是如何一步步形成的，并以此为基础进行更多元化的解读与延展。

本书每章的最后都会列举出一些思考题供读者练习。这些思考题根据更广泛且国际化的设计思维逻辑所拟，其中涵盖思辨设计、发现设计、情感化设计、对抗性设计、批判性设计等这些国际上前沿的设计论题，将其与 UI 设计相结合，使读者更广泛、更深入地学习 UI 设计，并以此为出发点，更深入地了解设计学本身，建立更多的思考模式、思维维度，从而回馈到自己从事的行业本身。

本书的编写难免会存在各种由于局限性产生的问题，还请各位专家读者批评指正。编者只求能在 UI 设计领域贡献自己一份微薄之力，为了同行业的发展也为了在校的莘莘学子，还请各位专家读者多提宝贵意见。另外，要特别感谢王亦飞老师为本书编写和出版过程中提供的帮助和支持。

编　者
2024 年 1 月

| 目 录 |

第 1 章　UI 设计概述

1.1　概念与定义

　　UI 的英文全称为 User Interface，即用户界面，"UI 设计"从字面上理解就是设计呈现于机器端的图形界面，用户通过这些图形界面完成人与机器的交互工作。界面是一个媒介，用户通过界面上呈现的文字和图形来了解可供选择的操作与可能会实现的效果与功能。而计算机再将用户对于界面上功能的操作进行翻译，翻译成计算机语言反馈给系统，系统执行所收到的指令，最后将操作的结果再一次以界面的形式反馈给用户。这就完成了一次用户与机器的交互（图 1-1）。

图 1-1　用户与机器交互流程

　　因此，可以将界面看作人与机器交互的中间节点。计算机、智能手机、平板电脑、智能电视、智能手表或游戏机的设计都不可避免地需要使用图形界面来完成与用户之间的交互工作（图 1-2、图 1-3）。举例来说，在计算机中执行复制文件操作时，首先在硬盘的界面中找到要复制的文件，右击文件，在弹出的快捷菜单中选择"复制"命令，接着在目标文件夹中右击，在弹出的快捷菜单中选择"粘贴"命令，屏幕中会弹出一个小窗口，上面显示出复制文件的名称、目标文件夹的位置、文件的大小、复制速度、剩余时间等内容。试想一下，如果没有这个弹出的小窗口，就完全不知道计算机是否收到了指令，也不清楚它执行的操作进程和最后是否完成指令。所以，界面起到了至关重要的沟通与反馈的作用，极大地优化了人与计算机的操作流程和操作体验。优秀的界面设计也是互联网得以从基于个人计算机的 Web 1.0 快速发展到基于移动互联网的 Web 2.0 再到即将到来的沉浸式 Web 3.0 阶段的坚实基础。

　　UI 设计发展至今其概念的外延也不断拓展。UI 设计的范畴也不仅仅局限于对于屏幕界面的设计，还涉及用户心理、用户体验、用户行为学、交互设计等一系列相关内容，这对 UI 设计师的要求也越来越高、越来越全面。UI 设计已经发展成一门融合多学科内容的综合性设计学科，需要设计师将认知心理学、设计美学、交互设计流程等内容灵活运用到设计工作中去。

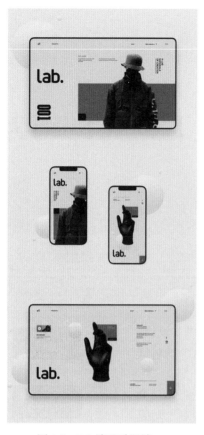 

图 1-2　PC 端及手机端 UI　　　　　　　　　图 1-3　智能手表 UI

好的界面设计应以用户的需求和期望为核心。一个完整的界面设计首先要满足用户需求和期望，在此基础上兼具好的可用性、功能性，以及美学感受。当人们在使用一个新的电子产品时，无论它是一款复杂的计算机制图软件、一款轻便型的手机 App，还是一个承载大量信息的网页，用户都希望在使用过程中可以很直观地通过界面的图形和文字所提示的内容轻松了解这款产品的功能和使用方法，所以界面设计承载着传达信息、减少沟通成本、最优化使用功能的作用。每个用户都不希望在使用产品时有费力、费时、不理解意思，甚至产生自己很笨的这种沮丧感和挫败感。所以，UI 的良好设计可以很好地解决用户可用性的问题，为用户使用体验提供保证。

思考： 请回忆一下你使用过的最不合理的一款界面产品，分析一下它有哪些使用上的问题，哪些是属于界面设计方面的问题。

1.2　UI 设计的构成要素

1.2.1　视觉传达作为基础：图形、图像与文字

为了给用户创造成功的交互体验，界面设计往往需要结合团队的力量，从多维度、多面向的思路去考虑用户的需求。其中视觉传达设计在界面设计中承担起基础的作用。

　　国际著名的传达设计师约格·弗拉斯卡拉认为：视觉传达就是在将文本和图像变为图形结果的过程中，对方法（设计）、目标（传达）和媒介（视觉）的强调。所以，平面设计师的视觉传达技术，在保证用户界面美感的可能性中起着至关重要的作用，该作用将贯穿界面设计的整个过程。用户与设备界面之间的交互包含视觉、听觉、触觉等多方面体验，在某些环境下上升到了心理情感的层次。但在人与操作设备的交互过程中，视觉是传递信息的第一媒介。比如，图 1-4 是一个博物馆网站的页面，页面使用大量的纯色色块来凸显视觉主题，以照片图像为主要视觉信息，并结合文字进行辅助平面视觉设计。图 1-5 是一个农场平台网站的页面，页面使用插画为主要设计元素，结合文字凸显了网站的亲切、柔和的主题属性。

图 1-4　FransHals 博物馆网站设计

图 1-5　Ngeboon 农场平台网站设计

　　随着时代的发展，UI 的应用涵盖了从网页到移动端的软件界面设计的多种范畴，这也让 UI 的操作界面越来越多元化，发展至今，其中的元素不乏图像、文字、视频、动画类的各种新媒体的形式。但是将所有内容提炼出基本的静态叙事要素后，这些多种媒介的内容仍旧可以归纳为视觉传达中的图像、图形、文字等基本要素。将这些静态叙事中的基本元素合理地进行内容和版式的安排从而达到最优化的信息传递功能，同时让用户获得美感体验甚至产生共情的心理感受，是视觉传达设计中的重要目标。这对视觉传达设计师提出了极大的挑战，不仅要求设计师具备设计的技术能力，更为重要的是设计师还需要了解人、了解用户的心理，抓住用户的需求。同时，设计师还需要具有团队合作的能力，因为一个

知识的广度

知识的深度

图 1-6　IDEO 提出的 T 形设计师

产品的成功并不是一个人的功劳,这需要一个团队的合作,需要有产品经理对产品和市场的合理定位,需要有程序员对于产品架构的实现,需要设计师对于产品的视觉和情感把握。所以,行业对于设计师的要求越来越全面和多元。

国际设计咨询公司 IDEO 把所雇用的伟大设计师形象地称为 T 形设计师(图 1-6)。T 形设计师在本专业领域有着深厚的知识储备,这使他们能够自信地阐述与其他不同领域专家团队工作的区别。"T"字的一竖代表的就是专业知识。但深厚的专业知识并非 T 形设计师能力的最终配备,他们还应具有相关领域的知识储备,包括对社会文化、政治、伦理、生态、经济及技术的理解。毕竟设计师不是真空存在的,"T"字顶部的一横代表了对非专业领域知识的理解水平。

1.2.2　交互作为实现:流程、手势、动画与声音

尽管 UI 设计的工作往往依托于静态平面的呈现,但是 UI 起作用的方式却不能脱离交互的动作与流程,以及动态效果及声音特效的加持和辅助。

交互设计(interaction design)的主要研究方向是系统界面与用户操作之间的关系。概括地讲,就是人与系统如何对话。相较于界面设计的视觉化呈现,交互设计则更关注流程和逻辑,其目的是通过自然、简洁的交互流程来增强产品的易用性。交互设计和界面设计之间的关系是相辅相成、相互贯通融合的。

交互设计是产品研发过程中十分重要的一个环节,设计师会与产品经理等团队成员共同确定目标用户人群,并对人群的年龄、文化背景、使用习惯、使用心理等方面进行挖掘,从而找到产品的确切定位,分析互动的逻辑和原则,并准确预测出操作环节中可能会掺杂的因素,以此来完成设计过程。设计的出发点是用户的使用需求,最终成果也会用来验证用户的使用感受,整个设计过程都需遵循用户的功能需求和心理需求,从而打造一个具有可用性的交互产品。

首先,良好的交互流程是产品易用性的保障。自然、流畅的交互过程,是一个产品能够被用户接受的重要品质。无论是在计算机端的网页、软件,还是基于移动端的 App 产品,我们通常都会希望可以通过最快的速度、最简便的操作来实现用户的最终目标。举例来说,通常会将最重要、最常用的功能放在用户最容易操作的界面位置上,并且要尽可能简化用户单击或操作的步骤,例如,瑞幸咖啡 App 的首页(图 1-7)上可以看到最主要的三个按钮,以最大的面积、最鲜艳的颜色凸显着产品最主要的三个功能选择,而美颜相机的首页(图 1-8)也将照相这一主要功能以最突出的形象显示出来。通过清晰的页面和流程在用户的意识中建立操作逻辑,这样可以节约用户的学习成本,从而提高易用性。

其次,良好的交互过程需要考虑到不同的操作介质和用户使用的手势与动作。计算机出现不久后,随之面世的鼠标极大地改变了人与机器的交互方式,人们可以通过操作鼠标来点击页面中的图标按钮从而完成一系列操作。之后智能手机的出现再一次极大地改变了人们的生活,手机好似身体的外延,所有的工作、生活、社交都离不开手机。并且智能手

图 1-7　瑞幸咖啡 App 首页　　　　　　图 1-8　美颜相机 App 首页

机触摸屏的出现再一次改变了人与机器对话的方式，不需要使用鼠标而只需要用手指轻轻触碰屏幕就可以完成目标。随之而来的是不同的手指动作会产生不同的操作结果，点击、滑动、双击、拖曳等动作都有了不同的意义（图 1-9），并且人们也在这一过程中形成了一整套与智能手机交互的动作习惯。

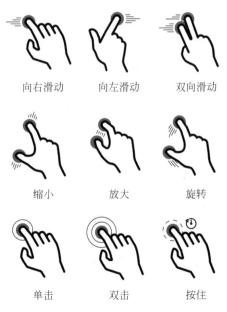

图 1-9　不同的手势操作（设计师：Sertac Kurt）

合理的动画和声音可以起到优化使用过程的作用。例如，在网页上常见到的 404 错误页面，很多设计师制作了优秀的动态插画来柔化报错带给用户的消极心理体验，让报错这种形式也幽默或可爱起来（图 1-10）；在刷新页面的时候可以看到一些动态的加载图片，用来缓解用户等待的焦虑心情。声音也可以优化使用体验，例如，操作错误的时候会有一个简短的提示音，而当用户完成一项任务的时候，一些产品的系统也往往会用一小段"英雄声音"（Hero Sound 这一叫法来自于 Google 提出的 Material Design 理念）来奖励用户的成绩。

图 1-10　404 错误界面（设计师：Viktor Keri）

交互设计是界面设计背后的底层逻辑，也是界面设计锦上添花的动态与互动。它需要和不同领域的专业人员交流沟通，以达到更容易为大众接受的交互方式设计方案。设计师需要从各方面进行参考，整理设计思路，完善交互操作流程。

1.2.3　用户体验作为目标：UCD 的设计准则

没有完美的用户。在现实世界中，当我们在构建应用的交互框架和界面设计时，很难找到一个真正的"理想用户"作为参照。在经济学中，解决问题时都有一个"经济人"作为参照对象："经济人"是一个假定的人物原型，其在做决定时都是理性的并经过深思熟虑的。不过对设计师而言，这样的用户是不可能存在的。一款产品所面对的用户往往是多种多样的。即便如此，产品却不可能脱离用户的需求而单独存在，所以用户体验是一款产品成功的关键。

UCD（user-centered design）的设计准则即以用户为中心的设计。这需要设计师了解产品的目标用户、用户的操作习惯、用户的诉求，以及还有哪些用户没有意识到的但却确实需要的需求，这些问题有助于设计师在构筑产品时合理地安排界面架构和交互流程，从而优化用户体验（图 1-11）。

在设计产品时，可以从以下几个方面来思考衡量产品的用户体验。

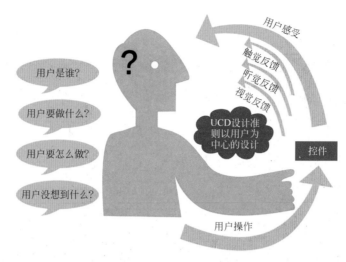

图 1-11　以用户为中心的设计

（1）产品的有效性：即产品在某个使用环境下为某一类用户用于某一具体用途时所具有的操作有效性。

（2）产品的效率：产品在完成某一特定功能时用户所需要使用的学习时间和操作时间。

（3）产品的心理体验：对某一特定群体用户，产品的学习难度、对用户的吸引程度，用户对产品的审美体验和情感体验。

思考：大家都知道 UI 设计离不开图形、图像和文字，分析怎样做到设计元素凸显主题属性，谈谈你对"以用户为中心的设计"这句话的理解。

1.3　UI 的设计类型

人们与计算机的交互从最开始的字符输入的交互方法慢慢进化成通过图形界面来完成交互工作，也就出现了我们所说的 UI 设计。而在 UI 设计的领域中，随着科技和人们需求的出现涌现了适应不同产品的界面类型。不同的界面类型体现的是适应不同的产品载体和硬件适配的要求所更有针对性的 UI 设计。

1.3.1　软件 UI

我们目前使用的微软 Windows 系统、苹果公司的 Mac 系统本质上都是图形界面设计的成果呈现。不仅如此，在这些计算机系统平台中，我们还需要通过不同的软件来完成一系列工作。并且这些软件也绝大多数都是通过良好的图形界面的设计和人性化的交互系统来完成工作的。通常来讲，软件被划分为系统软件、应用软件两大类。一款软件的设计逻辑通常是：在内部通过不同的计算机编程语言来完成实质的功能设定和操作计算，在外部则呈现给用户通俗易懂的图形化界面来完成简单明了的用户与计算机之间的交互和操作（图 1-12）。

一款软件的界面部分通常包含了启动封面、结构框架、链接按钮、样式面板、图标和菜单等。软件 UI 的设计往往会遵循该公司的整体设计风格，让界面在具有统一性的同时也

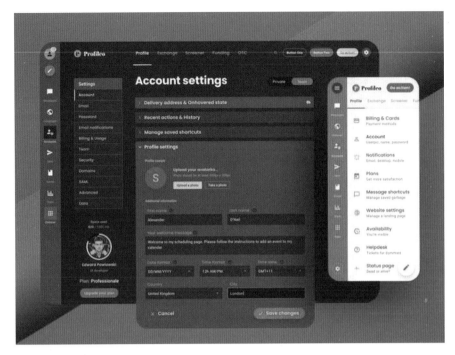

图 1-12　软件界面设计

具有可识别性。例如我们通常使用的 Adobe 公司的软件（图 1-13、图 1-14），它们整体的界面风格是统一而具有可延续性的，用户在熟悉了 Adobe 公司的一款软件后，对于该公司出品的其他软件也会产生相应的熟悉感，如在看到软盘的图标时会想到存储，看到油漆桶图标时会想到填色。这种可延续性和统一性让用户在使用新产品的时候也不会因产生极大的陌生感而不知所措。另外它们的差异往往体现在每一个图标有不同的形状，用户能够通过图标清晰地传递其背后指代的功能操作，如套索工具代表的意思和魔棒工具代表的功能都是选择，但是其选择的方式却不同，所以图标的形态具有明显的差异，用户可以直观地通过图标来辨别其功能，而不会因为其形态相近而产生混淆的问题。

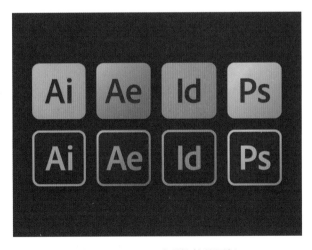

图 1-13　Adobe 系列软件的图标

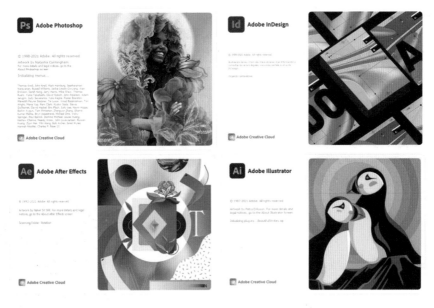

图 1-14 Adobe 系列软件的启动页面

1.3.2 网页 UI

随着互联网产业的发展和不断迭代，网页界面的设计也跟随着时代不断调整和创新，从最开始的纯文本网页到有一些图形设计的网页，到动态网页的设计，再到现在一些具有更强烈交互性及融合了三维效果的出色网页设计（图 1-15、图 1-16），网页 UI 的发展在强调功能性的同时越来越重视用户的使用体验，强调其审美性和娱乐性，以此来增加用户的使用黏度。

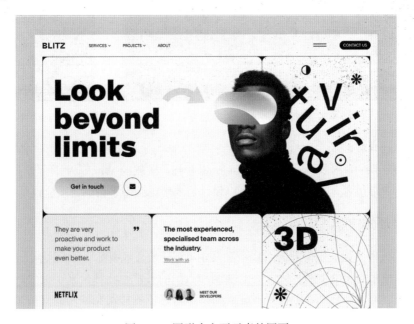

图 1-15 图形为主要元素的网页

一套网页设计往往包含着多个页面,这些页面之间具有父集与子集之间的层级关系,所以网页的引导功能十分重要,让用户清楚地了解到如何通过页面的按钮等指示图标最快捷地获取自己想要的信息是网站功能中的重中之重。另外,网页的设计也需要传递该网站或公司的品牌形象、品牌文化等信息属性,这就为网页的 UI 设计提出了进一步的要求。大到整个网页架构的格局、整体色彩的安排,小到一个图标的形象质感、一个 Loading 动画的创意表达,都从方方面面传递着信息与情感,让一个网站在互联网这个庞大的虚拟空间中找到明确的个人属性。例如,图 1-17 中这套以卢浮宫为对象的网页概念设计,使用了图像为主要元素,用白色的线作为平面分割元素在空间中建立秩序和导航系统,用深灰色和金色作为主体颜色凸显了博物馆沉稳的历史感和典雅的艺术气息。

图 1-16   以三维元素为主要内容的网页设计   图 1-17   卢浮宫网页概念设计

随着移动互联网的飞速发展,网页设计需要兼顾到不同平台的浏览需求和设计标准。比如常见的苹果的 iOS 平台、谷歌的 Android 平台、微软的 Windows 平台等;另外,不同的手机或者 iPad 屏幕尺寸不尽相同,所以设计需要考虑到跨平台的自适应设计要求。

1.3.3   移动端产品 UI

2009 年我国开始大规模部署 3G 网络,2014 年开始大规模部署 4G 网络,到目前 5G 网络的出现和覆盖面积的不断扩大,为互联网和人们的日常生活都带来了极大的变革。人们日常的社交、购物、学习、工作等方方面面都越来越依赖移动互联网的支持。同时移动端的 App 产品也大规模普及并不断迭代创新,从方方面面为用户提供着便捷优质的服务。

移动端产品主要针对目前智能手机中的各类应用，主要包括智能手机中的整体系统形象的设计。一方面，由于手机的品牌多种多样，除了苹果手机固定的 iOS、微软的 Windows Phone 以外，由于 Android 平台的开源特性，大多手机厂商使用的都是 Android 的系统，但是为了凸显产品本身的特质和文化，手机厂商往往会有针对性地再设计具有自身品牌属性的手机系统，从而在 Android 平台的统一基础上呈现了各具特色的系统视觉形象。另一方面，植根于不同平台的手机应用 App 也层出不穷。在苹果的 iOS 系统手机应用商店 App Store 中，我们可以看到各类具有不同功能和不同视觉风格的应用程序，从分类中我们可以看到：社交类、工作效率类、休闲娱乐类、儿童类、游戏类、图像影像类等从方方面面覆盖我们生活工作所需要使用的各类功能产品（图 1-18）。而这些 App 会根据不同的目标用户和产品定位实现界面设计的最优化。

图 1-18　不同类型的 App

移动端产品 UI 设计不仅仅局限于手机中的应用 App，还包括智能手表、车载导航、多功能遥控器及多种智能产品中的图形界面设计。这类产品的界面往往需要适应产品的整体品牌形象和特殊的具有针对性的功能应用。

1.3.4　游戏产品 UI

游戏产业虽然在我国起步较晚，但是其发展速度极其迅猛。一系列游戏产品和游戏公司纷纷涌现，这也为游戏产品 UI 的发展带来了极大的推动力和人才需求。首先从承载设备上来说，目前的游戏广泛涉及桌面端、网页端、移动端，并且随着一系列 VR 游戏的出现，游戏产品的内涵和外延也得到了极大扩展。

游戏不同于常规的功能性 App 或者网页界面，其整体设计流程会更受到叙事内容和剧本的限定。一款好的游戏产品要兼具出色的剧本、出色的角色和场景设计、顺畅简洁的流程设计、细致有趣的动效设计等方方面面的内容（图 1-19）。因此，游戏产品往往具备了动画、电影、交互等多重媒介的特色，并形成自己特有的产品属性、文化和功能的特质，吸引了大量的用户和从业人员的热情。

图 1-19   游戏《哈利波特：魔法觉醒》界面设计

思考：常见的 UI 设计类型中，你日常生活中使用最多的是哪种类型？想想这种类型中还有哪些功能性上需要优化。

第 2 章　UI 设计流程

2.1　定位产品属性和用户人群

界面设计是一个涉及设计团队、目标用户及项目客户的复杂过程,其最终目标就是为用户创造良好的交互体验。

市场调查和分析是产生一切产品设计初衷的根源。在市场调研和分析中,一套常规的市场调研的流程是:首先,明确市场调研的目的,并对要调研的问题有一个初步预设的结果;其次,了解促使用户(消费者)进行购买决策的驱动因素;最后,划定目标市场并进行策略规划。

在这个市场调研中一个关键环节是获取对用户的了解,清楚定位产品的目标用户和服务对象,从而有针对性地进行设计,提供解决方案。

2.1.1　用户分析

用户,顾名思义是真正使用软件产品的人群,通常可以从以下几个方面来进行用户分析。

1. 用户的身份属性

在 UI 设计中,用户的身份属性通常涵盖了用户的基础信息:用户的年龄、用户的国籍、用户的工作范畴、用户的收入及消费情况等。

2. 用户的文化属性

用户的文化属性包括用户的民族背景、用户习惯使用的语言、用户的价值观等。

3. 用户的需求属性

用户的需求属性包括用户通常使用该产品的时间、场合,用户需要用它来解决什么问题。

2.1.2　客户分析

在讨论客户之前,需要先明确用户和客户并不是同一个概念。用户是真正使用该产品的人们，而客户通常是指雇佣设计公司或者设计师来进行产品开发的公司或个人。客户通常有两类，一类客户是对自己的目标用户有清楚的了解，对设计产品有明确的定位，对于产品的开发周期和预算有合理的规划和考量；另一类客户是对自己的产品没有明确的市场定位和人群定位，对于产品开发的周期、难度和预算也没有合理的了解，这种用户往往需要设计师或产品经理花费大量的时间进行沟通，其中产生的试错成本也会极大提高。所以在进行产品设计和开发之前，除了了解用户人群，也需要对客户进行合理的引导，让客户了解他的目标用户是谁、他需要设计的产品是什么样的产品、他的产品需要解决什么问题、设计的周期和预算有多少等问题。

2.1.3　竞品分析

对于产品的了解和研发通常也会受到市场上现有产品的启发和限制。例如，要开发一款社交类的软件，可能需要了解现在市场上主流的社交类软件都有哪些分类，它们各自的目标人群是哪些，它们区别于其他产品的优势在哪里，它们的弱势也是它们的痛点在哪里。在了解了现有产品的情况之后，接下来的开发将会更有针对性，也可以在优秀的产品基础上打造具有差异化的优质产品。

2.2　低保真原型

"原型"是指产品正式开发应用前的产品概念模型，在设计的初期，通常都会制作一些低保真模型，以保证概念设计的方案在项目中被大多数人理解，并借助低保真模型来修正设计方面的偏差。

低保真原型因为其制作成本低、时间消耗少、易于修改等优势在设计初期可以很好地用于关于产品功能、流程等方面的展示，便于与不同工作人员和客户进行沟通，并及时发现问题。

纸质模型、图形文档、PPT交互演示、Visio流程图等都是低保真模型的形式，在项目进行中可能会穿插应用。

作为交互设计整体的一部分，首先要了解的是哪些要素需要彼此交互，一共有多少信息要提供？一共有多少功能要提供？这些信息和功能是否有优先级的划分？它们之间的层级关系是怎么样的？

信息结构需要通过研究、分析及评估等过程，设计团队要确定目标用户是如何达成交互目标的，这些过程确保交互结构能够反映出恰当的用户体验。信息结构主要关注界面结构的可用性，当设计有助于实现用户目标时，可用性才有意义。这会提升用户的信心和舒适度。

信息结构能够帮助设计师、程序员及设计团队理解界面能够产生交互的广度和深度，以便在深入设计和代码编写前勾画出贯穿内容的线索图。信息构建师的工作任务包括几个方向：创建内容清单、定义用户角色、理清交互流程和层级、创建界面路线图表、以用户面向的名称标记相关组成部分。

信息结构通常会以站点地图的方式呈现出来，"站点地图"也可以被称为站点层级图、站点图表、蓝图或者网页地图等。本书采用"界面线路图"这一称谓。

2.2.1　界面线路图

界面线路图可以清楚标示出内容与导航的层级，以及相关内容的"父子"关系，也可以看出导航是线性的（一屏接着一屏）还是非线性的（按用户选择顺序从一屏跳到另一屏）。还可以看出哪里需要全局导航，哪里需要语境导航，以及哪些内容需要链接起来。信息结构表现的是不同内容间关系的复杂性，以及导航是如何起作用的。这些信息结构的内容层级显示的是关联层级，一般包括主层级（1）、子层级（2）、子层级（3）内容。这种内容层级反映的是平面设计师在做界面设计时视觉层级的思考过程。对于平面设计师来说，理解信息构建过程是必要的，因为他们需要对交互结构的基本原理做出评估（图2-1、图2-2）。

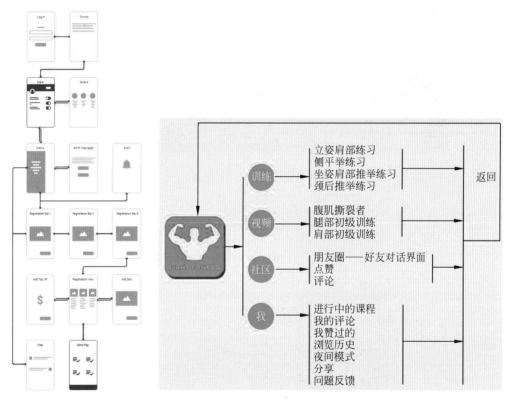

图 2-1　界面线路图（1）　　　　　　　　　图 2-2　界面线路图（2）
（设计师：Menandros Apostolidis）

导航一般有两种类型：全局导航、语境导航（图2-3、图2-4）。全局导航指在用户系统中起到主要功能的导航链接，并在每一个页面中都会出现的导航内容，如主页链接、帮助链接、打印链接等。语境导航指在特定用户界面的特定区域或特定主题页面才出现的导航系统，如软件安装时，视窗内的选项按钮是由安装进程所涉及的步骤确定的。全局导航中可以允许客户的行为不受用户界面内容结构的限制，以非线性的方式进行，而语境导航则可以访问相关的内容。

图 2-3   网页中的全局导航

图 2-4   软件安装过程中的语境导航

2.2.2   线框图

线框图作为一种很有效的工具，可以用来测试设计阶段早期设计团队的构想。线框图可以表现用户界面每一屏的逻辑、动作和功能（图 2-5）。

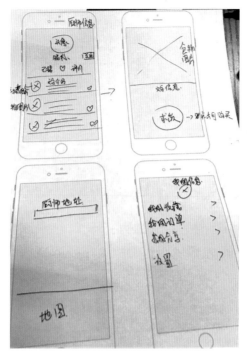

图 2-5　线框图

线框图不是最终的界面设计，只是确定界面设计所包含的内容。它需要考虑界面运行的平台、用户输入方式（触摸、鼠标、体感输入等）。

线框图只有方框和一些极少的文字，没有美感或代码编写的考虑，只呈现界面特征的整体感觉，所以线框图主要由信息构建师完成，但设计团队的平面设计师应该尽早对线框的视觉传达方面提出专业的建议。这样可以使用户的体验需求与代码编写保持平衡，避免给后期设计阶段带来困扰。

尽管线框图不考虑美感，但对于标题、页脚、侧栏、导航、内容区块和次链接的全尺寸位置的显示仍然很关键，它还可以强调最终设计需要的变量数目和用到的要素。

2.2.3　纸质原型

纸质原型可以扩展线框图的作用，通过线框图的轮廓，可以测试用户界面各个组成部分的功能，不涉及代码和视觉传达问题。操作时，将用户界面勾画在纸上，其中不涉及品牌或形象要素（只有导航标签和标题）。线框代表正文文本，带交叉线的方框代表图像或视频（图 2-6、图 2-7）。

纸质原型主要用于测试用户对界面的功能和交互流程的使用情况。为了保证测试的充分性，屏幕和要素变化等界面所有组成部分都应画出来。测试时，给用户提供第一页"纸屏"并执行相关任务，一张纸代表的是一个窗口、一个菜单或一个动作等。用户可以用手指点击确定要链接的部分。每点击一次，纸屏会随着改变一次，代表一个交互步骤。如果要对新增的元素进行测试，则要在测试前制定好对应的纸质原型。

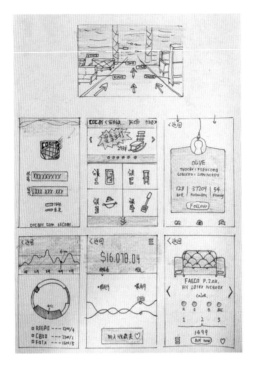

图 2-6　纸质原型（1）

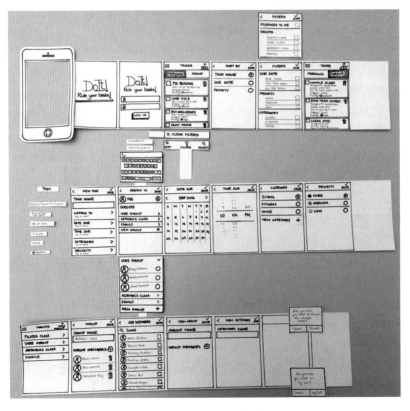

图 2-7　纸质原型（2）

2.3　高保真原型

　　高保真原型涉及产品的整体界面视觉设计、界面的交互流程设计、界面的动态效果设计。高保真原型是在编码开发前具有高度还原度的产品整体功能和设计效果的展示（图2-8），因此更有利于客户全方位直观了解产品最终的视觉形态和交互流程。在进行用户测试时，高保真原型可以方便测试者更好地发现产品中的设计问题。

图 2-8　高保真原型

2.3.1　界面视觉

　　在高保真原型阶段，需要结合产品的平台将界面的整体视觉系统设计完成，包括导航系统、按钮、色彩系统、字体系统、启动页和广告页等内容（图2-9）。这将在后面的章节中进一步讲解。

图 2-9　Sketch 软件中设计的界面视觉原型

2.3.2　交互流程

在高保真原型阶段的交互流程设计需要延续低保真阶段所确立和完成的交互流程和逻辑，并进一步深入细化。利用计算机原型软件如 Adobe XD、Axure、Protopie、墨刀等将待开发的产品以高还原度的可交互状态提供给用户测试（图 2-10）。

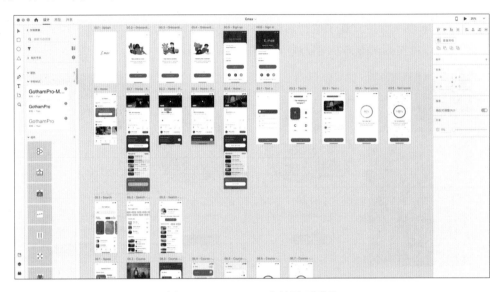

图 2-10　Adobe XD 中的界面原型

2.3.3　动态效果

一款优秀的产品界面中，往往包含着被我们所忽视的动态效果。这些动态效果包括加载动画、404 动态报错页面、页面中一些拟物化的操作动效与转场特效等（图 2-11）。这些

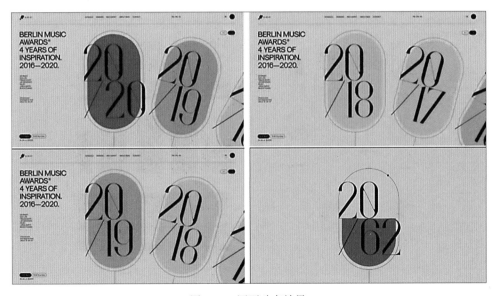

图 2-11　网页动态效果

动态效果增强了产品的娱乐性，优化了用户使用体验，在功能性的基础上为用户带来了愉悦的情感体验。这一部分内容也通常会使用 Adobe After Effect、Maxon C4D，或者 3D Max 等软件来实现二维或者三维的动态效果。

2.4 产品可用性测试

一款产品从设计开发到最终面世，要耗费一个团队大量的时间和成本，为了避免在编程开发过程中的反复更改，以及面世后发现设计不合理等问题的出现，邀请用户进行产品可用性测试就显得十分必要。

可用性测试是让一群有代表性的用户尝试对产品进行典型操作，同时观察员和开发人员在一旁观察、聆听、做记录。该产品可能是一个手持移动设备、设备的相关软件，或者其他任何产品，它可能尚未成型。测试可以是早期的纸上原型测试，也可以是后期的高保真原型。

一个典型的用户测试，可以达到以下目标。

（1）找出该产品的任何的可用性问题。

（2）从测试参与者的表现收集定量数据。

（3）确定该产品的用户满意度。

面临问题的时候，可以从以下几点进行反思。

（1）测试的是产品，而不是使用者。

（2）更多地依靠用户的表现，而不是他们的偏好。

（3）把掌握的测试结果应用起来。

（4）基于用户体验，找出问题的最直接的解决方法。

2.5 常用软件分类

灵活运用不同的软件来解决问题，是一个设计师必备的职业素养。在进行 UI 设计时，会涉及不同的工作内容，大致可分为四类：图形图像制作、流程图制作、交互原型制作和动态效果制作。对应的常用软件大致也可分为四类：图像设计软件、标注和切图软件、交互原型设计软件、视频动效设计软件。在这四大类外，还涉及一些细化的工作，比如在交互原型制作阶段涉及低保真原型线框图的制作，那么还需要用到线框图制作软件。

2.5.1 图像设计软件

图像设计软件在界面设计时通常完成高保真原型阶段的平面设计内容，包括图标设计、导航设计、启动页设计、图像处理、插画制作等。常用于制作 UI 的图像类软件包括 Adobe Photoshop、Adobe Illustrator、Adobe XD、Sketch 等。

1. Adobe Photoshop

Adobe Photoshop 是 Adobe 公司出品的王牌类图像制作软件，具有强大的功能、便捷的操作，无疑是所有平面设计师和 UI 设计师需要掌握并能灵活操作的图像制作软件（图 2-12）。

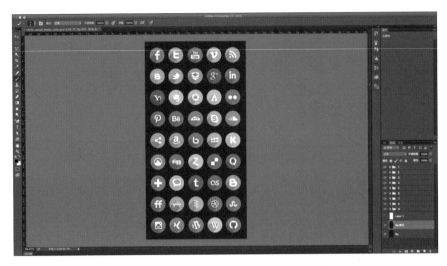

图 2-12　使用 Adobe Photoshop 制作的图标

在 UI 设计中，一些资深设计师仍旧乐于使用这款老牌图形软件，Photoshop 也为顺应时代的发展，在新的版本中融入了画板功能、三维功能，并提供了多种移动设备和网页端的预设尺寸，这都为制作界面设计提供了便利。另外，Photoshop 支持一些简单的动画效果，支持透明图像 PNG 格式的输出及一些切图软件插件的使用。虽然 Photoshop 是以像素为图像处理方式的，但是其自身的图形工具和钢笔工具等也支持矢量图的制作。

2. Adobe Illustrator

相较于 Adobe Photoshop，Adobe Illustrator 这款软件专用于矢量图形的设计与制作。其网站宣称这款软件制作的图形"始终清晰、永不模糊"。该软件主要应用于印刷出版、海报书籍排版、专业插画、多媒体图像处理和互联网页面的制作等，也可以为线稿提供较高的精度和控制，适合生产任何小型设计到大型的复杂项目。作为一款专业的矢量图形软件，Adobe Illustrator 在 UI 设计中一般用于各种风格的图标设计和矢量插图的制作（图 2-13）。

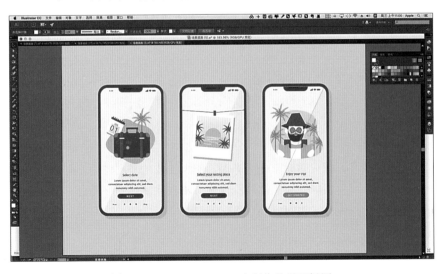

图 2-13　Adobe Illustrator 中制作的界面插图

3. Adobe XD

Adobe XD 是 Adobe 公司专门为 UI 设计开发的一款应用软件。Adobe XD 是一款一站式应用程序，可全程创建线框并向开发人员交付。相较于具有庞大功能的 Adobe Photoshop 和 Adobe Illustrator，Adobe XD 则显示出更具集成化、更有针对性的功能操作，在一个工程文件中，可以根据需要添加多个画板，每个画板都可以预设为移动设备的界面尺寸或者网页的预设尺寸，方便在一个工程文件中实现多个界面的交互效果。利用软件工具可以制作一个图标或者一个图标库，利用组件可以快捷迅速地完成一个交互原型。在 Adobe XD 中，除了可以设计界面视觉，也可以通过原型选项，建立页面之间的交互链接，如图 2-14 所示。

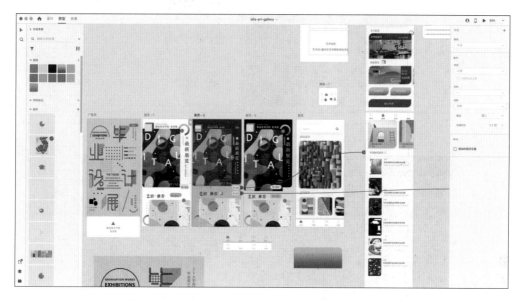

图 2-14　Adobe XD

4. Sketch

Sketch 的出现早于 Adobe XD，但是这款软件目前只支持苹果计算机的 macOS 系统。Sketch 从面世开始就是专门针对 UI 设计而打造的软件，界面友好，操作简单，支持必备的插件，可以在线协同制作，极大地方便了设计师和团队其他成员的沟通（图 2-15）。

5. Figma

Figma 是一个基于浏览器的协作式 UI 设计工具，Figma 从推出至今越来越受到 UI 设计师的青睐（图 2-16）。基于浏览器有什么好处呢？首先可以实现作品的跨平台制作，包括使用 Windows、Chrome、Linux、Mac、TNT 等，并且制作文件不需要线下保存，设计文件会自动生成一个链接。Figma 支持历史版本恢复，免费版最多保存 30 天，专业或团队版无限制。Figma 是为 UI 设计而生的设计工具，除了有和 Sketch 一样基本的操作和功能，还有许多专为 UI 设计而生的强大功能。Figma 可以无缝完成从设计到原型演示的切换，不需要反复同步设计图到第三方平台，还可以利用 Figma Mirror 在手机上预览效果。

图 2-15   Sketch 中设计的 App 界面

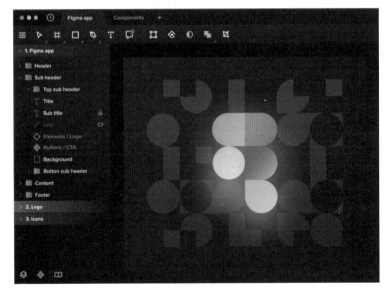

图 2-16   Figma 中的界面

6. Cinema 4D

Cinema 4D 是由德国 Maxon Computer 开发的一款三维软件,以极高的运算速度和强大的渲染插件著称,很多模块的功能在同类软件中代表科技进步的成果(图 2-17)。Cinema 4D 应用广泛,在广告、电影、工业设计等方面都有出色的表现。Cinema 4D 包含建模、动画、渲染(网络渲染)、角色、粒子及新增的插画等模块,拥有强大的 3D 建模功能,无论是初学者还是高手都适合使用。Cinema 4D 作为一款三维软件在 UI 设计领域中的使用越来越广泛,因为 UI 设计并不仅仅是依托于平面二维空间的,三维的内容也越来越广泛地出现在现有的产品中，尤其是在游戏界面中的设计应用。

图 2-17　Cinema 4D 中建模生成的三维界面插图

市场上还有很多优秀的三维设计软件，软件提供了工具，但最终目的是利用工具设计出优秀的产品和内容。因此，找到最适合自己的工具灵活运用，是学习软件的主要方向。

2.5.2　标注和切图软件

在 UI 设计的实际工作中，无法避免的一个工作环节就是标注和切图。这是 UI 设计师与前段工程师工作对接中的一个重要环节，需要将创意和想象落实到具体的数字和尺寸中，并根据不同输出的要求生成不同尺寸的图标或者界面内容，以适应在开发中的应用。

1. Zeplin

Zeplin 是一款为设计师和开发者提供设计图交接与沟通的高效平台，核心功能为标注。设计师可通过插件将已完成的设计图直接导入 Zeplin 中，无须手动标注，开发者在 Zeplin 查看设计图时可通过单击设计图显示相应位置的尺寸、色值、文字大小等信息，极大地缩短了标注工作的沟通时间和沟通成本。

2. Cutterman

Cutterman 是一款运行在 Adobe Photoshop 中的插件，能够自动将需要的图层进行输出，以替代传统的手工"导出 Web 所用格式"以及使用切片工具进行逐个切图的烦琐流程（图 2-18）。Cutterman 支持各种各样的图片尺寸、格式、形态输出，方便用户在 PC、iOS、Android 等平台上使用。使用 Cutterman 不需要记住一堆的语法、规则，只需单击操作，方便，快捷，易于上手。

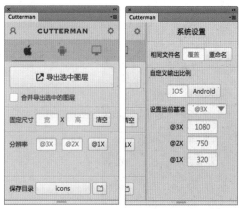

图 2-18　插件 Cutterman

2.5.3　交互原型设计软件

1. Axure RP

Axure RP 是美国 Axure Software Solution 公司旗舰产品，是一个专业的快速原型设计工具，让负责定义需求和规格、设计功能和界面的专家能够快速创建应用软件或 Web 网站的线框图、流程图、原型和规格说明文档。RP 是 Rapid Prototype 的缩写，作为专业的原型设计工具，它能快速、高效地创建原型，同时支持多人协作设计和版本控制管理。

Axure 是业内老牌原型设计软件，它没有花哨的装饰，专注于功能和交互的执行，是产品经理和交互设计师的工作利器。其功能强大，可以通过函数语言实现高效能的交互效果，并且支持 PC 版和 Mac 版双系统的操作。

2. Principle

Principle 是一款轻量的、具有强大功能的动效设计软件，2015 年由 Apple 工程师 Daniel Hopper 开发，基于 iOS 底层核心框架的 Core Animation 动画效果，默认动画持续时间为 0.3s。Principle1 界面和 Sketch 如出一辙，支持 Sketch 文件导入，无缝衔接，是 Sketch 的最佳拍档。Principle 有对应的 iOS 镜像 App，Principle Mirror 可以直接预览动画效果。该软件上手容易，学习曲线平缓，学习社区资源较多，也是很多交互设计师和 UI 设计师乐于使用的工具。

3. ProtoPie

ProtoPie 是一款十分便捷好用的原型制作软件，可以帮助设计师在无须编程的情况下，轻松快速地制作出近乎实际产品的交互原型（图 2-19）。ProtoPie 支持 Mac、Windows 双平台，支持 iOS、安卓设备演示，可以无缝衔接 Figma、Sketch、Adobe XD 等图形化设计软件。ProtoPie 可以一键调用本地传感器，只需简单操作，就能轻而易举地使用原生键盘和照相机，并能实现多指手势、传感触发和语音等交互，学习成本较低，界面友好，操作便捷。该软件支持即刻团队共享和远程线上协作，可以与团队成员共享组件库，在云端管理原型，并能在线上和开发人员交付开发说明文档。

图 2-19　用 ProtoPie 制作的交互原型

4. Flinto

Flinto 是一款基于苹果 Mac 平台的移动端 App 原型设计软件（图 2-20），可以创建交互式的设计原型。在 Flinto 中可以使用静态图片创建原型，按照设计师自己的想法令其旋转、与之互动，并且支持和 Sketch 等应用结合使用。

图 2-20　Flinto 界面

5. 墨刀

墨刀是由国内公司开发设计的一款非常优秀的原型设计软件（图 2-21）。借助墨刀，产品经理、设计师、开发、销售、运营及创业者等用户群体，能够搭建产品原型，演示项目效果。墨刀拥有简洁易上手的操作界面、大量优秀的线上资源和官方视频教程，弱化了原型设计的工具壁垒，让设计制作交互原型的过程变得便捷流畅。墨刀在移动端也提供了 App，可供原型产品的操作测试。

图 2-21　墨刀中的编辑页面

2.5.4 视频动效设计软件

1. Adobe After Effect

Adobe After Effect，简称 AE，是 Adobe 公司开发的一个视频剪辑及设计软件，是制作动态影像设计不可或缺的辅助工具，是视频后期合成处理的专业非线性编辑软件。AE 应用范围广泛，涵盖影片、电影、广告、多媒体及网页等，时下最流行的一些电脑游戏很多都使用它进行合成制作。

AE 提供了一套完整的工具，能够高效地制作电影、录像、多媒体及 Web 使用的运动图片和视觉效果。在 UI 设计领域中，当需要制作高保真模型中的动态效果或者交互动画时，经常会使用到这款专业的视频编辑软件。在图形动画方面，AE 提供了强大的技术和工具支持。

AE 同样保留有 Adobe 优秀的软件相互兼容性。它可以非常方便地调入 Photoshop、Illustrator 的层文件；Premire 的项目文件也可以近乎完美地再现于 AE 中，甚至还可以调入 Premire 的 EDL 文件。AE 新版本还能将二维和三维在一个合成中灵活地混合起来，用户可以在二维或者三维中工作或者混合起来并在层的基础上进行匹配。使用三维的帧切换可以随时把一个层转换为三维的；二维和三维的层都可以水平或垂直移动；三维层可以在三维空间里进行动画操作，同时保持与灯光、阴影和相机的交互影响。AE 支持大部分的音频、视频、图文格式，甚至还能将记录三维通道的文件调入进行更改。

2. Adobe Premiere Pro

Adobe Premiere Pro，简称 Pr，是由 Adobe 公司开发的一款视频编辑软件。Pr 有较好的兼容性，且可以与 Adobe 公司推出的其他软件相互协作。这款软件广泛应用于广告制作和电视节目制作中。AE 和 Pr 是兄弟产品，AE 专注于动态图形的设计和特效合成，而 Pr 是一款剪辑软件，用于视频段落的组合和拼接，并提供一定的特效与调色功能。Pr 和 AE 可以通过 Adobe 动态链接联动工作，满足日益复杂的视频制作需求。在 UI 设计中，经常会搭配 AE 和 Pr 一同使用，以完成一个精致度较高的视频动效作品。

第 3 章　UI 构成元素管理

在了解了 UI 设计的基础概念、设计流程、应用软件等常识性内容之后，我们需要进入 UI 的视觉范畴中来，推敲和思考 UI 设计中视觉要素的组合与协调。

3.1　色彩基础

不同的颜色组合可以传递不同的视觉效果，不同的颜色可以触发不同的情感（图 3-1、图 3-2）。UI 设计中离不开对色彩的灵活运用与组合。色彩搭配运用广泛，如包装设计（图 3-3）、海报设计、UI 设计和室内设计等。掌握色彩的基本原理、具备基本的色彩常识，并能落实到实践中，是一个设计师必备的职业素养。

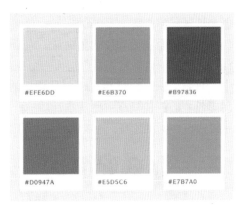

图 3-1　暖色色调

图 3-2　冷色色调

图 3-3　包装设计

3.1.1　色彩的概念

1. 三原色

色彩是光在人眼中的折射而产生的感知印象。通过"物理"的原理，我们大概可以知道，当各种波长电磁波经视网膜的传播，在这个过程中人脑的一种反应，这就是色彩。在19世纪早期，人们发现了视网膜上视锥细胞的种类只有三种不同的类型。这里的三原色并不是光的三原色红、绿、蓝，而是红、蓝、黄，三者通过不同的混合能产生所有的色彩（图3-4）。所以，我们通常所说的三原色是指视锥细胞的三种类别所形成的红、蓝、黄这三种颜色。

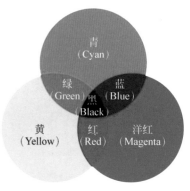

图 3-4　色彩三原色

2. 有彩色和无彩色

色彩通过大的类别划分还可以分为有彩色和无彩色。

有彩色是指红色、橙色、黄色、绿色、青色、蓝色、紫色等，明度、纯度不一，以上色调均属有彩色系（图3-5）。

无彩色系包括常见的黑白灰，它是指白色、黑色，以及由白色和黑色调和形成的各种深浅不同的灰色。将无彩色组成一个系列，可按照其一定的色彩规律，从白色渐变到浅灰、中灰再到深灰直至黑色。纯白是理想的完全反射的物体，纯黑是理想的完全吸收的物体。无彩色系的颜色只有一种基本性质——明度（图3-6）。色彩的明度可用黑白度来表示，越接近白色，明度越高；越接近黑色，明度越低。

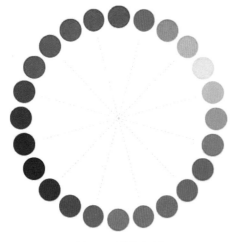

图 3-5　彩色色环

图 3-6　黑白的明度变化

3. 色相、明度、纯度

色相是用于区别色彩的名称。我们可以在色谱中看到红、橙、黄、绿、蓝、紫等常见色相，但在各色相之间，还有着无数千变万化的色彩。当人们将光谱的首尾连接成环形，就形成了色相环。在色相环中，距离近的颜色色相差较小，称为类似色或邻近色；距离较远的颜色色相差较大，称为对比色。在色相环中，位于直线相对位置的两个颜色为补色（图 3-7）。

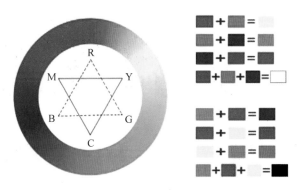

图 3-7　彩色色环详细解说

色彩的明度是指色彩的明亮程度。在色彩三属性中，人眼对于明度变化的反应最为灵敏，色相和纯度次之。只有有彩色才会存在色相与纯度这两种属性，而无彩色与有彩色皆有的属性是色彩的明度（图 3-8）。

色彩的纯度，可以理解为色彩纯净程度，即颜色是否纯正。降低纯度可将一色彩混进另一色彩，不论添加的是有彩色还是无彩色（图 3-9）。

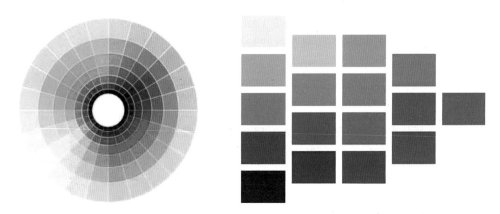

图 3-8　色彩明度变化　　　　　　图 3-9　蓝色纯度的变化

3.1.2　色彩与视知觉

如果没有光，我们就看不到任何事物。在日常生活中，虽然我们用眼睛来观看色彩，但感知、分析和接受色彩的却是人类的大脑。不同的色彩会在大脑中产生不同的反应，引起人们不同的心理变化。色彩若要被感知，首先要引起人们内心的反应，这样人才能感受到色彩的意义。大脑记忆着我们关于色彩的经历、印象和感情。例如，蓝色可使我们感到寒冷，如图 3-10 所示，整体以蓝色为主的图标设计，是属于经济和金融板块的软件，体验感是商务的、寒冷的和严谨的；红色可给人以温暖的感受，如图 3-11 所示，整体以红色为主的图标设计，是属于娱乐和休闲板块的软件，体验感是丰富的、温暖的和热情的；位于明度和纯度中间的色调有柔和的氛围，如图 3-12 所示，整体以灰绿色为主的图标设计，温和宁静的感觉符合其软件的居家定位；色彩鲜艳的原色可以传达出生动的情感，如图 3-13 所示，淘宝 App 整体以激烈的橙色为主，给人激烈、兴奋和多元化的情感，淘宝的信息巨大化用鲜明的橙色体现。

图 3-10   蓝色图标设计

图 3-11   红色图标设计

图 3-12   租房软件

图 3-13   淘宝软件

3.1.3   色彩的冷暖感

色彩可以形成不同的视觉效果，营造不同的视觉感受，并且更容易表现产品的属性。色彩本身并无冷暖的温度差别，但是却通过人们日常生活的习惯和文化背景产生不同的联想，从而给人们带来冷暖的感受。

（1）暖色。暖色包括红、红橙、橙、黄橙、红紫等颜色，会让人们联想到太阳、火焰、热血等物像，从而使人们在感官上产生温暖、热烈、危险等联想和感受（图 3-14）。

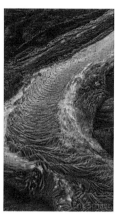

图 3-14   红色系列的风景

（2）冷色。冷色包括蓝、蓝紫、蓝绿等颜色，极易使人联想到冰雪、天空、海洋和科技等物像，这种联想使人们有一种冷峻、理性、平静的感受（图 3-15）。

（3）中性色。这一类色彩并不会带给人强烈的冷暖感受，相对柔和、质朴。例如绿色、黄绿、蓝绿等颜色，往往会使人们联想到树、森林、花草及其他植物，给人一种年轻祥和

图 3-15　蓝色色系的风景

之感；紫、蓝紫等色则容易让人想到水晶、贵金属等事物，给人一种高贵、神秘的感觉；黄棕色，会让人联想到大地、庄稼、秋天，给人以朴素和大气的感受（图 3-16）。

图 3-16　多彩的空间

　　色彩的冷暖感在设计中的灵活使用会给设计的产品带来不同的心理暗示，从而渲染产品的主题。同样是新闻类的 App，我们可以看到以红色这种暖色为主色调来强调即时性的产品界面设计（图 3-17），也可以看到以蓝色这种冷色为主色调来打造出产品客观冷静的态度的 App 产品（图 3-18）。运用色彩来表现产品主题是 UI 设计师工作的重要部分。

图 3-17　头条新闻 App 中使用红色为主色调

图 3-18　新浪财经 App 使用蓝色为主色调

3.1.4　色彩的空间感

不同质感的颜色还可以营造出不同的空间感受。利用合理的颜色搭配可以产生不同远近的空间层次感受，从而在界面设计时可以打造出空间层叠的效果。这通常是利用颜色搭配来产生冷暖的变化，从而打造出或远或近的视错觉。一般来说，想要营造一种后退感，则需要运用冷色、浊色、低明度色彩、弱对比色彩、小面积色彩、分散色等；反之，空间中的前进感需要运用暖色、纯色、高明度色彩、强对比色彩、大面积色彩等。通过色彩的这种空间特性，可以打造出富有空间感的界面效果。如图 3-19 所示，界面设计的前端使用了暖橙色，远方使用冷色将远景跟近景形成强烈的视觉差异，从而拉大差距。

图 3-19　网页界面中通过颜色创造的空间感

3.1.5　色彩的情感

在日常应用中，我们通常将不同颜色归入明亮色调、暗色调、华丽色调、朴素色调等类别中，这种归类方法往往也反映出颜色所传达出的情绪信息。

明亮色调（tint）具有轻快浪漫的气息，因而常用于表现化妆品或者女性服装和儿童服装、日用品等产品。如图3-20所示，此网页设计的主题是吊饰设计，面向女性群体，整体色调以明亮的淡粉色为主，淡黄色和淡绿色作为协调，给人轻快、温暖的感觉。另外，明亮色调还有甘甜爽口的形象，若用于食品、饮料和甜品的表现中，可起到增强味道的作用。

华丽色调（vivid strong）常给人以生动、轻快、活泼和强烈的感受，可用于表现体育用品、娱乐产品、奢侈品、玩具和文具等。如图3-21所示，此排版设计运用了明艳的颜色作为主色调并与对比色的结合运用，产生强烈的视觉体验。华丽色调具有良好的表现性和视觉识别性。

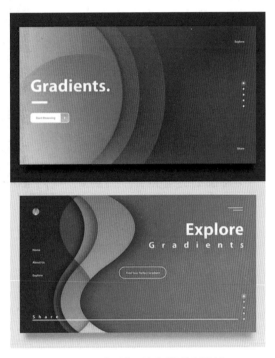

图3-20　采用明亮色调的网页设计　　　　图3-21　采用华丽色调的排版设计

朴素色调中混入了明灰或中灰，颜色浑厚稳定，给人以平和的感受。朴素色调（moderate）大部分具有舒适感与亲近感，由于它中和了纯色的强烈，因此具有朴素与安定的感觉。自然材料中基本都包含朴素色调的色彩。朴素色调的暖色如黄棕色、黄绿色可以带给人温暖的感受，采用朴素色调的色彩搭配，可营造出淡雅、质朴的意境（图3-22）。

暗色调（dark shade）中混入了黑色或低明度的颜色，暗色调可彰显沉稳和高贵的气质，给人以深沉、肃穆的感受（图3-23）。颜色的明度越低，清晰度越差，也正因如此，暗色调的氛围感很强，使人感到有底蕴的充实。但若在空间或物体中大量使用暗色调，则会很容易给人带来压抑感，因此，要想取得和谐的配色效果，不仅要正确地考虑画面中的光源，还要利用面积、明度对比等。

图 3-22   采用朴素色调的网页设计   图 3-23   采用暗色调的网页设计

3.1.6   屏幕上的颜色

UI 的范畴中使用的颜色都是依托电子屏幕来显示的。印刷行业使用的颜色模式是CMYK 的四色印刷，而在屏幕上的颜色依托于 RGB 的三色模式。RGB 即光的三原色，因此每个像素点是由 R（红色）、G（绿色）、B（蓝色）三种颜色的不同色彩强度混合而成的。RGB 和 CMYK 的区分如图 3-24 所示。

基于网页的用户界面系统中，色彩是由通过将 RGB 的值转换成十六进制的代码控制的，这些十六进制的数值由 0~9 的数字和 A~F 的字母组成。按照十六进制，白色（RGB 的值为 0）代码为 #FFFFFF，黑色（RGB 的值为 255）代码为 #000000，其他色彩的值位于这两个极值之间。

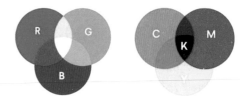

图 3-24   RGB 和 CMYK 的区分

十六进制的颜色值被用在超文本标识语言的网页用户界面结构中，或用在层叠样式表的用户界面中。如果用了产生透明效果的阿尔法通道，在没有很多图像的情况下，网页设计师也可以创造视觉丰富的设计。尽管手机屏幕和计算机屏幕的成像质量和颜色还原程度已经发生了翻天覆地的变化，但是屏幕能显示的颜色依旧不能完全覆盖自然界千变万化的色彩。所以在设计 UI 时，需要了解产品所适应的屏幕属性——成像效果，也要有针对性地使用屏幕有效色进行设计。

使用对应的色卡或者工具帮助选色就可以很好地使色彩有效地还原出来。例如，可以参考谷歌公司的 Material Design 网站中所提供的配色工具，以确保颜色准确还原（图 3-25）。

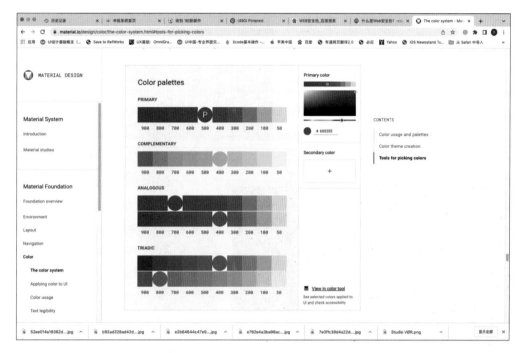

图 3-25　Material Design 网站提供的配色工具

3.2　图形与文字

3.2.1　图形的功能

作为视觉传达的语言之一，图形在 UI 中起着十分重要的作用，从早期的苹果水晶样式的图标到现在风靡一时的扁平化设计元素（图 3-26），图形在这些设计趋势中作为主要语言被设计师不断组合运用，形成丰富多彩的视觉样式。图形一直在 UI 设计中承担着重要的视觉传达与视觉表现的功能，这里仅涉及运用视觉传达设计的基本原理来处理平面空间中点线面的关系（图 3-27）、节奏与韵律的关系（图 3-28）、均衡与对比的关系（图 3-29）等内容。

图 3-27 中，线条组成的灰面与黑点线组合构成均衡关系。画面的信息是通过黑白面的对比将"钢笔"的形状对比出来，黑点线是"钢笔"的笔尖，少量的白面积与大面的灰面积对比产生的均衡。

图 3-28 中，线在有限的圆形范围中，通过垂直、交叉和重叠等手法呈现出不同视觉体验。

图 3-29 中，相同大小的圆形表现出均衡的关系，白色实心的圆又与其他圆形产生对比关系。

图 3-26　苹果 Logo

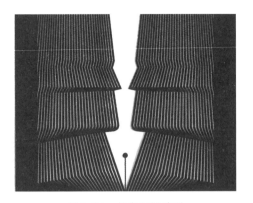

图 3-27　点线面的关系

图 3-28　节奏与韵律的关系

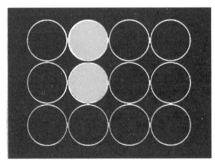

图 3-29　均衡与对比的关系

任何复杂图形都可以分析并归结为基础的点、线、面形态。20 世纪初期，构成派兴起，康定斯基不断对抽象艺术的表达进行探索，从深层的角度剖析了造型的基本要素，将形体内部的抽象联系提炼精化为点、线、面的组合，并运用点、线、面作为直接的造型元素在其绘画作品中使用（图 3-30）。

图 3-30　康定斯基的《升 C 调》

同时，设计中出现了一种回归理性的分析方法，这得益于现代分析哲学和自然科学的发展。从几何学中派生出的基本形态如圆形、正三角形、方形等，更容易使其形成体系化表现的风格，因此，在这一阶段人们设计出的工具、建筑等也开始以几何形为基础。几何形在设计中引发了抽象性的思考和表达，而在这些抽象性的表达中，任何复杂的图形都可以通过点、线、面来进行归纳和演化（图3-31）。

图3-31　点、线、面的抽象化

　　作为造型中基本的元素，点可以单独地作为视觉的要素来进行表现。可以通过点的大小、形状等不同形态变化，表现出不同形式的点。一般情况下，点会产生向心性，即便当它呈现离心运动时也是如此。若在画面的中心放置一个点，可以使周围的空间平衡，带给人一种安宁祥和的感觉。从中间的位置往外延伸，就会有一种紧绷感，与画面边缘产生视觉张力，而在画面边缘很远的地方，就会给人一种慢速感。在这种紧绷与缓慢的力量的影响下，图像中的点也会有运动的感觉（图3-32）。

　　图像中的圆点位于靠近边缘的位置，将视觉中心放置于画面上方，带来圆会掉落的视觉体验。

　　点的连续会产生线，或者两个具有一定距离的点在画面中出现时，会形成视觉中一条隐藏的"线"，并且会产生运动和方向的感觉，这种现象称作点的线化。点的密集排列会产生面的感觉，称作点的面化。在不同的点之间，不同的距离，不同的大小，会导致调子出现不同的疏密、高低的变化。图3-33中，画面中大小不同的圆球，连成一条线将画面切割。

图3-32　圆点

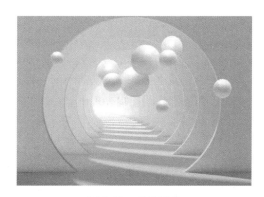

图3-33　点的线化

UI设计中经常会运用到具有点的特性的视觉元素。如按钮（图3-34）、加载图标（图3-35）等，这些元素的大小与方向同样符合点在视觉心理中的暗示作用。过大的按钮会产生张力，造成紧张的感觉，过小的按钮则会产生内缩的感受。

图3-34　按钮　　　　　　　　　　　　　　图3-35　加载图标

线在几何学中也是一种抽象的表现形态。线有直线、几何曲线和自由曲线。直线中又可以构成垂直直线、对角线、水平线。几何曲线中又可以包含不同角度的曲线，如抛物线、螺旋线、双曲线等，这些线在造型上都遵循一定规律，规整而容易产生韵律和节奏的感受。自由曲线不遵循一定的规律而形成线的形态，这种随意的线也会带给人或欢快，或低沉，或自由奔放，或平稳沉静的感受，这要取决于自由曲线所体现出的角度变化和韵律节奏（图3-36）。

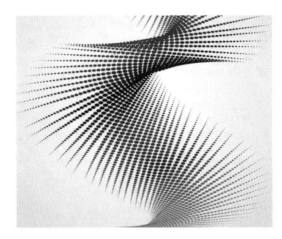

图3-36　点成线

图3-36中是由点组成的线，线通过螺旋式排列使画面产生韵律感。

水平线是直线中最基本、最简单的一种。水平线具有安定和平稳的感觉，同时也具有冷的感觉，所以水平线适宜表现平静和冷的感觉。与水平线呈完全相反方向运动的线是垂直线。水平线与垂直线可以形成一个直角，在稳定中起到了推动的作用，同时又给人以温暖的感觉。因此，垂直线是表现运动和暖的一种简洁的形式。上述的水平线和垂直线的方向变化可得到对角线。因此，对角线既有前面两条线的特征，又有一种冷热相融的感觉，运动感也更强，也是表现运动的一种简洁的形式。一般将这三种直线以外的直线称为任意直线，它们的组合可以产生无数的角度，在线与线相交的作用下可以产生无数的图形。如图 3-37 所示直线通过垂直的方法交叉相交，将画面切割成不同大小的矩形。线的密集排列可形成面的感受，进而形成线的面化。如图 3-38 所示许多条波浪线排列组合成一个起伏的曲面。

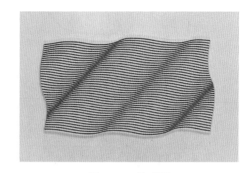

图 3-37　线条的组合　　　　　　　　　　　　图 3-38　线成面

　　点的扩散和线的连续密集排列都可以产生面的感受。面作为基础形态，在视觉空间中营造出具有一定面积感受的平面意向。在 UI 设计中，经常通过平面色块的划分来区别不同的板块功能和视觉区域，并且面的形态也呈现着多元化的类别，几何平面或者自由平面都在 UI 设计中存在着并表达着不同的视觉意向。几何平面往往给人相对稳定规整的视觉感受，而自由平面往往会给人自由奔放的感觉，这种设计常出现在 UI 的界面插图中。点线面的结合也会在 UI 的平面空间中打造出 3D 或者 2.5D 的视觉效果。这种三维空间的界面设计越来越广泛地出现在目前的网站界面（图 3-39）、动态插图（图 3-40）和游戏界面（图 3-41）。

　　图 3-39 中，通过部分画面使用 2.5D 方法呈现网站所表达内容。

图 3-39　网站的 2.5D 运用

图 3-40 中，通过绘制 3D 模型与几何图形结合，使用空间的差异感将画面主题凸显出来。

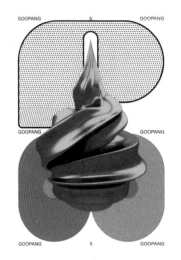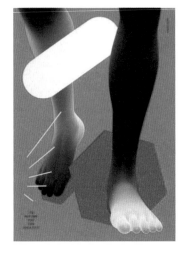

图 3-40   海报界面的 3D 运用

图 3-41 是游戏界面，主要由矩形按钮的 2.5D 效果产生 3D 的视觉体验。

图 3-41   游戏界面的 3D 运用

3.2.2   文字的功能

文字是一个特定文化群体中所使用的通用符号。人们通过长久的学习和应用形成了对一种语言中所有字符所代表的背后含义的共识。所以文字具有通识性，它也是在进行信息传递时最有效、最直接的视觉符号（图 3-42）。文字是语言信息的载体，当文字出现在用户界面中，它又是具有通俗性和识别性的符号。UI 设计师往往会根据自己对于整体设计风格的把握对文字进行处理和再设计，将文字作为图形来进行传递信息，增加了用户阅读文字时的趣味性（图 3-43）。

图 3-42 中，"淘宝"的标识设计使用的是文字"淘"，使用了橙色与白色的搭配，最直观地表达了品牌的概念和名称。

图 3-43 是 Keep 的启动页面，采用标题设计，将品牌理念"自律给我自由"使用文字传达，紫色和白色的强烈配色将文字更加凸显。

文字在传达信息时会通过不同的字体、风格、字号、字重等编排形式的组合来传递出不同的情感、不同的信息等级层次。例如，较大的字号配上较粗的字重，那么这组文字所传达的信息就会相对重要，它在信息的层级上也具有主要功能。文字也是 UI 交互中重要的引导信息元素。文字的样式和排版设计需要遵循界面信息的可读性和易读性原则，不能为了设计而设计，加入过多的装饰性元素，这样会削弱文字的可读性，降低界面信息的传达效果。人们在阅读时，对于形态怪异、粗细和比例异常的字体阅读会产生一定排斥，会导致交互效率降低。合理的文字排列与分布对于版式布局具有积极作用，让用户在不知不觉中接收到文字信息，而非刻意、主动地阅读（图 3-44）。

图 3-42　淘宝标识　　　　图 3-43　Keep 运动 App　　　　图 3-44　手机时间显示页面

图 3-44 中，通过将重要信息按字号大小摆放，分钟是首要传达的信息，字号最大，日期与星期字号第二，年份的字号最小。

3.2.3　图文配合

在界面设计中，文字和图像通常是同时出现的，文字和图片之间的关系也通常是互为说明、互为补充的。这和阅读传统媒体中的文字和图像的关系是相似的。比如，在阅读报纸或者杂志的时候通常会先看一下标题的文字，然后看一下主图的内容，之后再阅读正文的内容。

图 3-45 中，腾讯会议的手机登录页面使用的是图文结合，腾讯会议的标识和其他图标设计代表图片，其次补充的文字起辅助作用。

在计算机屏幕或者手机屏幕上，这种阅读习惯依旧被延续了下来，只是媒介的形态发生了改变。在屏幕上的阅读顺序也依旧保持着从左向右、从上到下。这种习惯在一定程度上决定了文字和图片的编排方式。但是屏幕在一定

图 3-45　腾讯会议手机登录页面

程度上也改变了人们的阅读方式，比如在阅读书籍和报纸的时候，文字是静态的，通过翻页的动作来延续阅读的内容，但是在阅读计算机网页端的文字和图像的时候，需要借助鼠标挪动内容进行阅读，并且会出现动态的图像或者动态的文字来分散注意力。在阅读移动端手机上的内容时，一个屏幕上的内容变少了，需要借助手指的缩放、挪动、拖曳、扫动等动作来进行阅读，文字在屏幕上是动态移动来完成内容的拓展的。这为进行 UI 设计提出了条件的限定，如何在有限的屏幕上处理图像和文字之间的主次关系。可以通过设计编排决定让读者先看到文字或者先看到图像（图 3-46），也可以借助动态和静态的内容对比来选择让读者的注意力集中在什么位置，往往动态的内容会更容易吸引读者注意力，但也会让读者花费更多的时间来进行阅读和理解（图 3-47）。

图 3-46　麦当劳网页界面

如图 3-46 所示，麦当劳作为餐饮品牌，其界面设计需要以图片为主，文字为辅，不同的按钮入口需要放置相应的图片，通过插画吸引用户进行购买活动。

图 3-47　支付宝网页界面

支付宝的网页界面服务是有特别需求的客户，其页面设计以简约、清晰的文字方式呈现，在该页面中文字在首要位置，如图 3-47 所示。

3.3　交互实用原则

UI 的设计中要保证读者或用户的使用体验的流畅性，保证设计的合理性，即状态可感知、贴近用户认知、操作可控、一致性、灵活高效等。人类的思想方式和计算机是不一样的，UI 设计的出现，就是为了让人类能够理解计算机，人在使用计算机的行为，可以看作是人与计算机之间的交流，这个过程就是交互。

3.3.1　交互流程的合理性

手机、计算机等人们所使用的设备不应该妨碍人们的工作，相反，它们要起到帮助作用。因此，交互设计的合理性就显得十分重要。使交互流程合理化，设计的要求是首要的。根据不同的数据及使用者需求进行设计，并利用信息来构建页面。

在使用者的时间、精力等有限的情况下，如果技术条件允许，计算机要分担使用者的工作，如强制选择银行卡、身份证等类型，学习新的界面等。界面的设计应该是人性化的，符合人道主义、理解人类的需求、体谅人类的弱点。将用户的需求作为设计内核，优秀的交互设计永远尊重人类的有限性。设计师同时也是人，要理解人类的关注点永远只能在一件事物上。例如，键盘的大小写按键即使有指示灯，但是使用者误触按键是无法规避的情况。MacBook 的键盘输入框对比设计了非常合理的方案，它的做法是在输入框中进行二次提示（图 3-48）。

图 3-48　MacBook 计算机键盘

如今是大数据时代，在此背景下，无论现在还是未来，UI 设计的合理性原则，一定要遵循以人为本，并了解使用者需求。

3.3.2　交互流程的体验性

随着互联网时代慢慢发展，UI 设计已经不再局限于好看与否，从"好看"到"好用"的转变，体现了当下设计大环境中对用户体验感的注重。

现在的互联网 App 复杂的功能越来越多，对新用户并不是很友好，容易使用户产生疲劳感。在这种情况下，"易用性"就十分重要，这也是交互体验性中重要的一点。用户轻易可知其想要的信息并可快速分辨内容，也就是"所见即所得"。例如，在用户使用应用或网页的时候，等待的时间很漫长，用户无法知道需要等待的时长，于是选择关闭，若加上进度提醒，给用户加载时间的提示，会增加其耐心。这就如同公交车与地铁的区别，公交车相比较于地铁的到站时间是不确定的，因此，地铁用户的使用体验感就会优于公交车用户（图 3-49）。

图 3-49 展示的是"车来了"App，此 App 界面增加了用户与公交车的交互体验，公交车的定位和到站时间都会在软件上呈现，用户等待公交车的时候交互体验的增加，可提高用户乘坐公交车的体验感，从而增加对此 App 的好感度。

图 3-49   "车来了" App

3.3.3 案例分析

1. 网站案例分析

1）分析"万科"的交互网页

运用搜索引擎搜索"万科"，打开万科官方网站。

万科的首页展示界面使用的是图文结合设计，以插画为主、文字为辅。该页面的设计以冷绿色为主色调，以橙色作辅助颜色使用（图 3-50）。

图 3-50   万科官网的首页

首页上方是菜单栏，网页设计菜单栏一般会放置在网页顶部，方便使用人群快速寻找相应的功能。单击相应的页面其界面底色会改变。单击"集团介绍"的界面，底色以白色主，呈现严肃和端庄的风格，左侧是鲜明的集团标识（图 3-51）。

vanke　　　　　首页　集团介绍　万科资讯　多元业务　投资者关系　社会责任　加入万科　投诉建议　｜ 简体 Q ☰

图 3-51　菜单栏框

网页设计的搜索栏与文字切换通常放置在一起，简体与繁体、中文与英文的切换等，让相应人群能切换字体浏览页面和搜索相关功能等（图 3-52）。

搜索栏的设计采用的是黑色底和灰色字的结合，通过颜色明度强烈的对比将搜索栏在界面中凸显出来（图 3-53）。

图 3-52　搜索图标　　　　　　　　　　图 3-53　搜索栏

子界面的设计以黑色端庄的风格为主，与首页的风格区分。首页采用图文结合的插画设计，子界面的设计使用纯插画的形式。子界面的内容多，并设有副菜单栏，能够起到快速导航的作用，将信息更细化，更方便人群了解该品牌的风格（图 3-54）。

图 3-54　子界面的设计

2）分析"微信"的交互网页

运用搜索引擎搜索"微信"，打开微信官方网站。

微信交互网页的界面设计，以微信特有的绿色和 Logo 作为大版面。微信的网页是以下载功能为主，所以网页界面首页设计围绕的是不同系统平台下载的通道。整个界面设计以文字为主，清晰地表达其功能。该页面是没有搜索功能的，主要呈现是软件下载通道和子目录导航作用（图 3-55）。

图 3-55　微信网页页面

往下滑动是微信网页的其他功能，该界面设计是图文结合，每个图案代表一种功能，单击任一图标会进入一个新的网页。该网页的界面设计等于子目录的设计（图 3-56）。

微信支付	公众号	小程序	视频号助手
小游戏	小商店	表情开放平台	搜一搜开放平台
红包封面开放平台	对话开放平台	开放社区	服务市场

图 3-56　微信网页的子目录

单击"微信支付"图标，进入"微信支付"的新页面，该页面设计的主要功能是登录、帮助和简介。界面设计以图文为主，主要色调是白色，黑色和绿色作为辅助颜色，使网站的界面呈现商务、严谨的风格。界面设计的特点是网站需要与手机端链接，所以"登录二维码"的页面占比较大（图 3-57）。

图 3-57　微信支付的网页设计

2. VR产品案例分析

1）华为VR-GLASS眼镜

华为的该款VR眼镜针对人群是以观影为主、VR游戏为辅的用户，主打轻巧便携，是3D交互产品的入门体验。初次通过视觉的立体效果来体验游戏和电影的感觉是震撼。VR眼镜看电影是会有巨幕效果的，视觉上影像的变大会给用户在体验上带来质的改变，增加用户在观影过程中的交互体验（图3-58）。

2）激光投影键盘

激光投影键盘是一种能够将键盘键位投影到桌面上，从而让用户可以直接使用虚拟键盘进行交互的设备，如图3-59所示。投影键盘的底部有一排红外光源，能够紧贴桌面射出红外光网，当手指接触桌面时，指尖就会遮挡红外光产生反射，形成的红外光点。

图3-58 华为VR-GLASS眼镜　　　　　　图3-59 激光投影键盘

3）语音智能控制灯

语音智能控制灯光是用户交互中使用较高的产品，它支持多种设备链接，如小爱智能直连、天猫精灵直连等，也支持多种灯光模式，如夜间低亮模式、高亮白光模式、温馨中性光模式等。交互体验是智能语音控制，解放双手。可用App进行控制便捷开关灯按钮、分组调节灯光、调节亮度色温、保存灯光状态记忆（图3-60）。

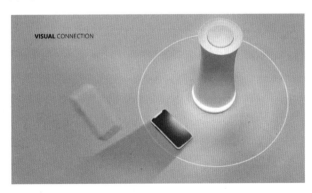

图3-60 设备与手机的交互

第 4 章　主流移动端 UI 交互系统

互联网出现后，人们从以个人计算机网页端为主要媒介的 Web 1.0 时代，逐渐过渡到现在以手机移动端为主要媒介的 Web 2.0 时代。移动端现有主要的三大系统是苹果公司出品的 iOS 系统、谷歌公司出品的 Android 系统和微软公司的 Windows Phone 系统，其中占据市场份额最多的是安卓系统和 iOS 系统。

4.1　移动端屏幕尺寸和相关概念

移动端区别于计算机端的一大特征是使用的屏幕发生了改变，从一个大尺寸的屏幕缩小到了可以握在手掌中的一块高清屏幕。

说到移动端屏幕的尺寸问题，首先需要了解它的物理尺寸。以目前 iPhone 14 系列手机为例，iPhone 14 系列有四款型号，分别命名为 iPhone 14、iPhone 14 Plus、iPhone 14 Pro、iPhone 14 Pro Max。屏幕尺寸也延续现有规格，分别为 6.1 英寸、6.7 英寸、6.1 英寸、6.7 英寸。这里我们提到的英寸是指屏幕的物理尺寸，以屏幕从左上角到右下角的对角线距离作为测量标准。

提到屏幕尺寸的时候也会涉及屏幕的分辨率尺寸。分辨率是指屏幕上拥有像素的总数，像素数量越多就越清晰，分辨率就越高。iPhone 14 手机目前使用的是 OLED、超视网膜 XDR 显示屏，分辨率尺寸也就是该屏幕由多少个像素点组成。iPhone 14 的屏幕分辨率为 2532px×1170px，iPhone 14 Plus 使用的屏幕分辨率为 2778px×1284px，iPhone 14 Pro 使用的屏幕分辨率为 2556px×1179px，iPhone 14 Pro Max 使用的屏幕分辨率为 2796px×1290px。PPI（pixels per inch）即像素密度，表示的是每平方英寸所拥有的像素数量。PPI 数值越大，代表显示屏能够以越大的密度显示图像。在同样物理尺寸的屏幕上，分辨率越高，则屏幕的清晰度越好。

4.2　移动端 UI 设计中用到的单位

在使用移动端 UI 设计中，用户经常接触到的单位有五种，即 inch、px、pt、dp 和 sp。

1. inch

inch（英寸）即在生活中常用的长度单位，在这里通常用为屏幕物理长度单位，如 6 英寸的手机屏幕、12 英寸的平板电脑或者 42 英寸液晶显示屏等。

2. px

px（pixels，像素）是位图的基本单位，对应屏幕上的实际像素点，经常用于描述屏幕的分辨率。1px 代表一个像素。例如，分辨率为 2796px×1290px 就表示在该手机屏幕上，水平方向每行有 1290 个像素点，垂直方向每列有 2796 个像素点。

3. pt

pt（磅）是专用的印刷单位，大小为 1/72 英寸，是一个长度单位。在 iOS 开发中经常使用 pt 来表示文字大小的单位。pt 和 px 之间有个换算关系，当 PPI 为 72 时，1pt＝1px；而当 PPI 为 144 时，1pt＝2px。

4. dp

dp 也称为 dpi，即设备的独立像素，该单位在 Android 设备的 App 开发中使用较多。dp 与 px 之间有换算关系，PPI 为 160 时，1dp＝1px；PPI 为 320 时，1dp＝2px。通常，Android 把屏幕密度分为 4 个广义的大小，即低密度（120dp）、中密度（160dp）、高密度（240dp）、超高密度（320dp）。我们在进行设计时，只需要对照相机尺寸进行换算即可。

5. sp

sp 即可缩放独立像素，该单位是谷歌 Android 系统官方推荐的文字使用单位，而非文字则可以使用 dp 作为单位。sp 和 dp 类似，但是不同的是 Android 系统里面可以设置文字的大小。如果文字使用单位 sp 进行开发，则文字大小会随着系统文字大小改变，而使用单位 dp 则不会。

4.3 iOS 系统

在 2007 年之前，市场上的触屏手机由触控笔操作。2007 年苹果公司推出在 iOS 系统上运行的 iPhone，这是移动 UI 早期和中期设计的转折点。2007 推出的 iPhone 仅靠手势操作和一个按键（Home 键）便能流畅地完成触控操作。在这个时期，iOS 系统也掀起了水晶图标的设计风潮。直到 2013 年苹果公司发布 iOS7，推出了和之前水晶风格不同的扁平化风格的图标和界面，将 UI 设计的风格和思路引导到了扁平化设计的方式。

4.3.1 iOS 系统概述

iOS 系统目前已经推出了 16.x 的系统版本，到目前为止也一直延续着扁平化的 UI 设计风格，但是在每个版本的系统推出时，都会有一些相应的细节变化，近期比较有代表性的 UI 设计变化便是 iOS 13 推出了 dark mode（暗色模式），这是出于适应用户更多使用场景的需要。由此可见苹果公司对于用户体验的重视。与 Android 系统不同，iOS 系统并不是开源的系统，所以只有苹果公司的手机可以使用该系统，另外根据该系统开发的 App 需要遵循

iOS 系统的设计标准，这也是 UI 设计师需要注意的问题。

4.3.2　iOS 系统设计主旨和设计原则

1. 设计主旨

苹果官网对于开发者给出的设计主旨是三个关键词：明晰（clarity）、遵从（deference）和深度（depth）。

（1）"明晰"意味着产品要使各种尺寸的文本都清晰易读，图标精确而清晰，装饰微妙而恰当，将对功能的高度关注用来引导设计，使负空间、颜色、字体、图形和界面元素巧妙地突出重要内容并传达交互性。

（2）"遵从"意味着产品具有流畅的交互操作和清晰、美观的界面，并可帮助人们理解内容并与之互动。内容通常会填满整个屏幕，而半透明和模糊的使用往往暗示着隐藏了更多内容。尽量少使用边框、渐变和阴影，保持界面明亮和通透，同时确保内容准确完整地传达。

（3）"深度"意味着要在页面中通过鲜明的视觉层次和逼真的运动传达层级感，赋予页面活力，促进用户的理解。页面中的触摸和可发现性会增强使用的愉悦感，需要能够在不丢失上下信息的情况下访问页面的功能和附加内容。在浏览内容时，过渡效果会提供一种深度感。

2. 设计原则

在设计原则方面，iOS 系统有如下的准则可供参考。

（1）审美完整性（aesthetic integrity）。审美完整性表示应用程序的外观和行为与其功能的整合程度。例如，一个帮助人们执行严谨任务的应用程序可以通过使用微妙、不引人注目的图形、标准控件和可预测的行为来保持人们的注意力。另外，沉浸式应用程序（如游戏）可以提供迷人的外观，使用户感受到乐趣，同时鼓励用户发现更多的功能和操作。

（2）一致性（consistency）。一致性是指应用程序通过使用系统提供的界面元素、通用性的图标、标准的文本样式和统一术语来实现用户所熟悉的标准和应用范例。该应用应该以符合人们期望的方式整合功能和操作行为。

（3）直观操控（direct manipulate）。直观操控是指用户对屏幕内容的直接操作体验吸引了人们的注意力，促进了理解。当用户旋转设备或使用手势影响屏幕内容时，他们会体验到直观操控的感受。通过直观操控，他们可以看到自己行动的直接、可见的结果。

（4）给予反馈（feedback）。给予反馈是指产品通过反馈确认行动并显示结果，让人们了解情况。内置的 iOS 应用程序为用户的每一个动作提供了可感知的反馈。点击时，互动元素会短暂突出显示，进度指标会传达长期运行操作的状态，动画和声音有助于表明操作结果。

（5）隐喻（metaphors）。隐喻是指当应用程序的虚拟对象和动作是以一种人们所熟悉的隐喻出现时，无论是在现实世界还是在数字世界，人们都能更快地学习到该对象所指代的内容和操作。隐喻在 iOS 中很有效，因为它可以在屏幕上模仿并暗示人们在物理世界所使用的操作动作。比如，将视图移到一边以看到下面遮挡的内容，拖动和滑动内容，在屏幕上左右切换开关、移动滑块、滚动选择等，模仿物理世界的翻阅书页和杂志。

（6）用户控制（user control）。用户控制是指在整个 iOS 系统中，由人而非应用程序控制。App 可以建议行动方案或警告危险后果，但完全由 App 来做决策通常是错误的。好的 App 设计应该在启发用户进行控制和避免产生错误的操作结果之间找到适当的平衡。一款应用程序应该可以让人们感觉产品在自己的掌控之中，让交互元素保持熟悉和可预测性，及时识别并纠正错误行为，并使取消操作变得简单易行。

4.3.3 iOS 系统设计规范

目前很多 UI 设计软件都提供了预设的设备界面尺寸、图标尺寸，以及不同控件和工具栏等的尺寸，这极大地方便了设计师的工作。这些软件很多自带切图或一键生成不同尺寸的图片和页面的功能，所以设计师往往只需要设计一套尺寸的原型内容就可以了。另外 iOS 官方也提供了一套 iOS UIkit 作为设计模板供 UI 设计师使用。所以灵活地运用工具，自如地设计适合的产品界面和内容需要设计师不断深入学习。

1. iOS 界面设计尺寸及格式

界面尺寸是完成界面设计的前提，只有了解不同设备的设计尺寸才能设计出符合产品标准的应用。iOS 界面设计尺寸根据不同的产品而有区别，如 iPad、iPhone 和 iWatch 需要不同的界面尺寸来与之适应。目前很多界面设计软件如 Adobe XD 和 Sketch 都提供了标准的设计尺寸来方便设计师进行设计制作。在为 iPhone 设计界面产品时，很多设计师习惯使用 750px×1334px 作为基础界面尺寸之后向上或向下适配。也有很多设计师目前使用 iPhone 14 的一倍图尺寸 390px×844px 作为基础尺寸进行设计。标准分辨率显示器的像素密度为 1 : 1(称为 @1x)，其中一个像素等于一个点。高分辨率显示器具有更高的像素密度，提供 2.0 或 3.0 的比例（称为 @2x 和 @3x ），也就是通常所说的切图产生的 2 倍图和 3 倍图。因此，高分辨率显示器需要更多像素的图像。

在设计界面时，我们通常使用 8px×8px 网格。网格可以保持线条明确，并确保内容在所有尺寸下都尽可能清晰，不需要太多的修饰和锐化，使图像边界捕捉到网格，以减少缩小时可能出现的半像素和模糊细节。

iOS 设计中，图形图标文件等通常使用 PNG 格式的图像，PNG 支持透明图层，而且由于它是无损的，压缩效果不会模糊重要的细节或改变颜色，对于需要阴影、纹理和高光等效果的复杂图像来说，这是一个不错的选择；对于不需要 24 位全彩色的 PNG 图形，使用 8 位调色板可以在不降低图像质量的情况下减少文件体积，但此调色板不适用于照片。照片和图像可以使用 JPEG 格式，它的压缩算法通常使照片和图像的尺寸比无损格式更小；设计时，需要优化 JPEG 文件，在大小和质量之间找到平衡；大多数 JPEG 文件都可以被压缩，且不会明显降低生成的图像质量；即使是少量压缩也可以节省大量磁盘空间；制作字形和其他需要高分辨率缩放的平面矢量作品可以使用 PDF；另外，需要为图像和图标提供替代文本标签，屏幕上看不到文本标签，但它们可以以画外音的形式描述屏幕上的内容，让视觉残障人士更容易进行操作。

2. iOS 界面设计布局

iOS 16 需要设计师从总体布局考虑，确保主体内容在其默认大小下是清晰的。人们不应该水平滚动屏幕来阅读重要文本，或者缩放来查看主要图像，除非选择改变大小。在整个应用程序中保持整体一致的外观。一般来说，具有相似功能的元素应该看起来相似。

使用视觉重量和平衡来传达重要性。较大的元素会引人注目,看起来比小的元素更重要。更大的元素也更容易点击，这使得用户在分散注意力的环境中使用应用程序时也可以方便快捷地找到需要的元素。一般来说，将主要内容放在屏幕的上半部分。

使用对齐来简化观看流程，并将组织和层次结构有效地调整。对齐使应用程序看起来整洁有序，帮助人们在滚动屏幕时集中注意力，并使查找信息更容易。缩进和对齐也可以指示内容组之间的并列或从属关系。

如果可能，界面要支持纵向和横向的观看。人们更喜欢在不同的方向上使用应用程序，所以最好是能够满足这种期望。界面设计需要为文本大小的变化做好准备，当人们在设置中选择不同的文本大小时，大多数应用程序都会做出响应。为了适应某些文本大小的更改，可能需要调整布局。

3. iOS 界面图标设计规范

每个应用都需要一个美丽而难忘的图标，在应用商店中吸引用户的注意力，并在主屏幕上脱颖而出。图标需要达到一目了然地展示应用程序的目的。它也会出现在整个系统中，如设置和搜索结果中。在设计图标时，你需要注意如下问题。

（1）简洁。找到一个能抓住应用程序本质的元素，并用一个简单、独特的形状来表达这个元素。

（2）谨慎地添加细节。如果图标的内容或形状过于复杂，细节可能很难辨别，尤其是在较小的尺寸下。

（3）提供一个单一的焦点。设计一个带有单个中心点的图标，该图标可以立即吸引注意力并清晰地标识应用程序。

（4）设计一个可识别的图标。例如，邮件应用程序图标使用信封，信封通常与邮件关联。花点时间设计一个漂亮迷人的抽象图标，达到艺术地代表应用程序的目的。

（5）保持背景简单，避免使用透明图标。确保图标不透明，不要弄乱背景。给它一个简单的背景，这样它就不会与附近的其他应用图标重叠混淆。不需要用内容填充整个图标。

（6）谨慎使用文字。仅当文字是必要的或标志的一部分时才使用。应用程序的名称出现在主屏幕上的图标下方。不要包含重复名字或告诉人们如何使用应用程序的非必要文字，如"观看"或"播放"。如果设计中包含任何文字，应强调与应用程序提供的实际内容相关的文字。

（7）不要使用苹果硬件产品的复制品。苹果产品受版权保护，不能在图标或图片中复制。一般来说，避免显示设备的副本，因为硬件设计往往会频繁更改，并且会使图标看起来过时。

（8）不要在整个界面上放置满应用程序图标。在整个应用程序中看到用于不同目的的图标可能会令人困惑，可以考虑结合图标的配色方案放置图标。

（9）根据不同的壁纸测试图标。用户会选择哪种壁纸作为他们的主屏幕是无法预测的，所以要查看图标在不同照片上的样子。在具有动态背景的实际设备上尝试,随着设备的移动，背景会发生变化。

（10）保持图标角为方形。系统会应用一个自动环绕图标角的遮罩。

不同设备和环境下使用的图标尺寸可参考图 4-1 和图 4-2。

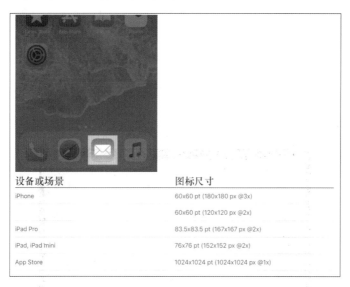

设备或场景	图标尺寸
iPhone	60x60 pt (180x180 px @3x)
	60x60 pt (120x120 px @2x)
iPad Pro	83.5x83.5 pt (167x167 px @2x)
iPad, iPad mini	76x76 pt (152x152 px @2x)
App Store	1024x1024 pt (1024x1024 px @1x)

图 4-1　不同设备和环境下使用的图标尺寸范例（1）

设备	Spotlight 图标尺寸
iPhone	40x40 pt (120x120 px @3x)
	40x40 pt (80x80 px @2x)
iPad Pro, iPad, iPad mini	40x40 pt (80x80 px @2x)

设备	设置图标尺寸
iPhone	29x29 pt (87x87 px @3x)
	29x29 pt (58x58 px @2x)
iPad Pro, iPad, iPad mini	29x29 pt (58x58 px @2x)

设备	通知图标大小
iPhone	38x38 pt (114x114 px @3x)
	38x38 pt (76x76 px @2x)
iPad Pro, iPad, iPad mini	38x38 pt (76x76 px @2x)

图 4-2　不同设备和环境下使用的图标尺寸范例（2）

在 iOS 13 或更高版本中，设计师们可以使用苹果官网提供的工具 SF Symbols 来表示应用程序中的任务和内容类型。

SF Symbols 提供了一组超过 3200 个一致的、高度可配置的符号（图 4-3），可以在应用程序中使用。设计师可以使用 SF Symbols 来表示各种 UI 元素中的任务和内容类型，如导航栏、工具栏、选项卡栏、上下文菜单和小部件。在应用程序的其余部分，可以在任何可以使用图像的地方使用该符号。SF Symbols 在 iOS 13 及更高版本、macOS 11 及更高版本、watchOS 6 及更高版本和 TVOS 13 及更高版本中都有。可以下载这款图标库到计算机上直接应用。

图 4-3   SF Symbols 提供的符号范例

4. iOS 界面文本应用

目前 iOS 提供了两种英文字体作为系统默认使用的字体，一种是 San Francisco（SF），iOS 默认使用的非衬线英文字体，另一种是 New York（NY），它是一种带衬线的英文字体。默认的中文简体字体是苹方，繁体是苹方 HK。一个视觉舒适的 App 界面，字号大小对比要合适。iOS 字体有两种形式，一种是 text 文本形式，另一种是 display 展示形式。从 iOS 14 开始，系统以可变字体格式提供 SF 和 NY 字体。这种可变格式将不同的字体样式组合在一个文件中，并支持在样式之间插入以创建中间样式。通过插值，字体可以适应所有屏幕尺寸大小，同时在不同大小界面显示为该页面专门设计的字体。

因为 SF Pro 和 NY 是兼容的，所以有很多方法可以将字体对比度和多样性融入 iOS 界面，同时保持一致的外观和感觉。例如，使用这两种字体可以创建更强大的视觉层次结构或突出内容中的语义差异。苹果设计的字体支持广泛的重量、大小、样式和语言，因此可以在整个应用程序中设计舒适美观的阅读风格。在系统字体中使用文本样式时，还支持动态类型和更大的辅助功能类型大小，这让人们可以选择适合自己的文本大小。有关特定值、尺寸信息、跟踪值，也可以在 Sketch、Photoshop 和 Adobe XD 的 Apple design resources for iOS 中找到。

不同设备尺寸范例如图 4-4 所示。在不同界面中各个元素的文本大小可参考如下建议。

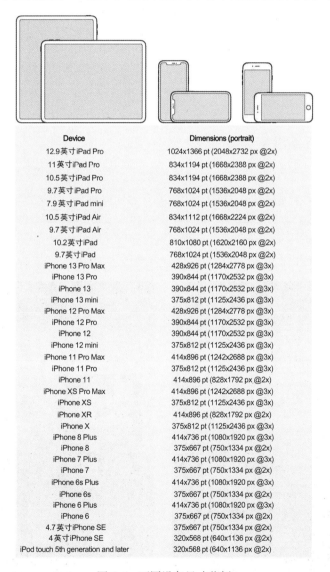

Device	Dimensions (portrait)
12.9英寸iPad Pro	1024x1366 pt (2048x2732 px @2x)
11 英寸iPad Pro	834x1194 pt (1668x2388 px @2x)
10.5英寸iPad Pro	834x1194 pt (1668x2388 px @2x)
9.7英寸iPad Pro	768x1024 pt (1536x2048 px @2x)
7.9英寸iPad mini	768x1024 pt (1536x2048 px @2x)
10.5英寸iPad Air	834x1112 pt (1668x2224 px @2x)
9.7英寸iPad Air	768x1024 pt (1536x2048 px @2x)
10.2英寸iPad	810x1080 pt (1620x2160 px @2x)
9.7英寸iPad	768x1024 pt (1536x2048 px @2x)
iPhone 13 Pro Max	428x926 pt (1284x2778 px @3x)
iPhone 13 Pro	390x844 pt (1170x2532 px @3x)
iPhone 13	390x844 pt (1170x2532 px @3x)
iPhone 13 mini	375x812 pt (1125x2436 px @3x)
iPhone 12 Pro Max	428x926 pt (1284x2778 px @3x)
iPhone 12 Pro	390x844 pt (1170x2532 px @3x)
iPhone 12	390x844 pt (1170x2532 px @3x)
iPhone 12 mini	375x812 pt (1125x2436 px @3x)
iPhone 11 Pro Max	414x896 pt (1242x2688 px @3x)
iPhone 11 Pro	375x812 pt (1125x2436 px @3x)
iPhone 11	414x896 pt (828x1792 px @2x)
iPhone XS Pro Max	414x896 pt (1242x2688 px @3x)
iPhone XS	375x812 pt (1125x2436 px @3x)
iPhone XR	414x896 pt (828x1792 px @2x)
iPhone X	375x812 pt (1125x2436 px @3x)
iPhone 8 Plus	414x736 pt (1080x1920 px @3x)
iPhone 8	375x667 pt (750x1334 px @2x)
iPhone 7 Plus	414x736 pt (1080x1920 px @3x)
iPhone 7	375x667 pt (750x1334 px @2x)
iPhone 6s Plus	414x736 pt (1080x1920 px @3x)
iPhone 6s	375x667 pt (750x1334 px @2x)
iPhone 6 Plus	414x736 pt (1080x1920 px @3x)
iPhone 6	375x667 pt (750x1334 px @2x)
4.7英寸iPhone SE	375x667 pt (750x1334 px @2x)
4英寸iPhone SE	320x568 pt (640x1136 px @2x)
iPod touch 5th generation and later	320x568 pt (640x1136 px @2x)

图 4-4　不同设备尺寸范例

（1）导航栏标题：34~42px。一般为 34px 或 36px 比较合适。

（2）标签栏文字：20~24px。iOS 自带应用的标签栏文字是 20px。

（3）正文：28~36px。正文样式在大字号下使用 34px，最小也不应小于 22px。

（4）行距：通常，每一级文字大小设置的字体大小和行距的差异是 2px。一般为区分标题和正文字体大小差异至少为 4px。

4.4 Android 系统

2008 年，第一款运行谷歌研发的 Android 系统的手机 HTC Dream 发布。2009 年，首款搭载 Android 1.6 系统的手机 HTC Hero 发布，随即成为 2009 年度最受欢迎的手机。

随着智能手机移动系统的出现，移动 UI 设计界面的精细程度和动效也得到了极大的发展。移动 UI 在满足可用性的前提下，也尽量做到易用性。当时出现并流行的图标风格是以拟物化设计（图）语言为主的，这种设计风格以其模拟现实生活中事物的形态来极大地降低了用户在初期使用时的学习成本，从一定程度达到了"所见即所得"的界面设计目标。

4.4.1 Android 系统概述

安卓早在 2011 年的 Android 4.0（图 4-5）中就应用了扁平化风格。2014 年，Android 5.0（图 4-6）全面应用扁平化设计方法，自此移动 UI 设计迈向了一个新时代。并且谷歌公司也提出了一套全新的 UI 设计理念，即 Material Design（简称 MD）。Material Design 的提出为 UI 设计带来了全新的思维变革，它在屏幕中模拟物理世界的使用质感和反应，拉近了人与机器交流的距离，本书第 6 章将详细讲解此设计理念。

图 4-5   Android 4.0 范例

图 4-6　Android 5.0 范例

4.4.2　Android 系统设计主旨

目前，安卓系统已经迭代更新到 Android 12 版本。根据安卓官网提倡的设计主旨，最新的安卓版本给出了如下的系统设计亮点。

1. 个人化（personal）

针对个人化这一亮点，Android 12 重新思考了整个用户界面，从形状、光线和动作，到可以根据用户的喜好进行调整的系统颜色。经过重新设计，安卓的界面更加宽敞和舒适，它是有史以来最具表现力、动态感和个性化的操作系统。安卓使用先进的颜色提取算法，使用户可以轻松地个性化手机屏幕的外观和感觉，包括通知、设置、小部件，甚至应用程序。另外，新的安卓系统提供了更快更流畅的动效，以及更具响应式的 UI 设计。Android 12 中提供了新的对话控件，同时在可用性上做了改进，包括提供一个新的窗口放大镜可以放大屏幕的一部分，而不必失去屏幕内容的其余部分。其次，设置了在夜间滚动或即使最低亮度设置也太亮的情况下将显示器调暗的功能。并提供了通过在整个手机中将字体切换为粗体的功能，以便让用户可以更清晰地查看文本的操作选项。

2. 安全（safe）

Android 12 在安全方面有了新的易于使用、功能强大的隐私功能，用户可以控制谁可以查看其数据及何时查看数据。

3. 便捷（effortless）

在便捷方面，Android 12 增强了游戏功能，用户可以花更少的时间等待，更多的时间玩耍。Android 12 允许用户在下载时玩游戏，并且可以根据性能或电池寿命选择游戏。另外，Android 12 扩大了屏幕截图的选区，可以将完整的一张长图文章以一次截屏的方式全部储存下来。切换和传输数据也变得更加方便。

4.4.3　Android 系统设计规范

　　Android 的应用程序要求外观和行为与平台保持一致。这要求 UI 设计师应当遵循 Material Design 指南来设计视觉和导航内容等。Material Design 的具体内容将在第 5 章中具体讲解。

4.5　Windows Phone 系统

　　2010 年，微软推出了移动操作系统 Windows Phone（图 4-7）。全球第一款搭载 Windows Phone 系统的手机诺基亚 Lumia 800 于 2011 年上市。该手机系统打破了 iOS 系统的理念，以一种不寻常的方式重新诠释了手机界面的含义。

图 4-7　Windows Phone 范例

4.5.1　Windows Phone 系统概述

　　Windows Phone 系统在个人计算机上的应用由来已久，但是其出品的手机移动端系统却晚于苹果 iOS 系统和 Android 系统。这也是目前导致其市场占有率小于另外两款主流系统的原因之一。Windows Phone 系统摒弃了拟物化的设计风格，而是以内容为主，采用大色块的表现方式。与众不同的设计风格引发了人们对 UI 设计的新思考，Windows Phone 的推出是 UI 设计史上的重要里程碑，对之后的扁平化设计有很大影响。

4.5.2　Windows Phone 系统设计主旨

Windows Phone 11 标志着操作系统的视觉进化，它创造了一种人性化、通用性和真正感觉像 Windows 的设计。

下面是 Windows 官网给出的针对 Windows Phone 11 的设计原则。

（1）便捷。Windows Phone 11 更快、更直观。很容易就可以完成用户想做的事，有重点且精准。

（2）平静。Windows Phone 11 更柔软、更整洁。它渐隐在背景中，帮助用户保持冷静和专注，这种体验温暖、空灵、平易近人。

（3）个人化。Windows Phone 11 可以无缝地适应用户使用设备的方式。它会根据用户的个人需求和偏好进行调整。

（4）亲和。Windows Phone 11 平衡了一种全新的、令人耳目一新的外观和感觉。这与用户已经熟悉的 Windows Phone 前系统保持一致，没有学习曲线。

（5）完整＋连贯。Windows Phone 11 提供了跨平台的无缝视觉体验。用户可以在许多平台上工作，并且仍然有一个一致的 Windows Phone 体验。

4.5.3　Windows Phone 系统设计规范

标志性体验是 Windows Phone 11 用来表达其视觉语言的设计元素，同时在所有流畅的体验中保持连贯的外观和感觉。

1. 几何形

在 Windows Phone 系统中，几何图形描述屏幕上 UI 元素的形状、大小和位置。这些基本的设计元素有助于用户在整个设计系统中的体验感保持一致。Windows Phone 11 几何图形使用渐进式圆角、嵌套元素和一致的间隔元素结合在一起，创造出一种柔和、平静、平易近人的效果，强调目标的统一性和易用性。Windows Phone 11 几何图形不同位置 UI 元素范例如表 4-1 所示。

表 4-1　Windows Phone 11 几何图形不同位置 UI 元素范例

圆角半径	用　　途
8px	最上层级的容器使用，如应用程序窗口、弹出按钮和对话框，使用 8px 半径圆角
4px	页面中的元素（如按钮和列表背板）使用 4px 半径圆角
0px	与其他直边相交的直边不圆化
0px	当窗口被捕捉或最大化时，窗口角不会变圆

2. 颜色

Windows Phone 11 通过显示用户界面元素之间的视觉层次和结构，使用颜色差异帮助用户专注于他们的任务。颜色可以根据上下文进行呼应，巧妙地增强用户交互，并在必要时强调重要的项目。

Windows Phone 11 支持两种颜色模式，即浅色和深色模式。每个模式由一组中性颜色组成，这些颜色会自动调整明暗度以确保最佳的色彩对比度。在浅色和深色模式中，较深的颜色一般用作背景，或者诠释不太重要的内容，而重要的内容用更亮的颜色突出显示。

在 Windows Phone 11 中，会采用一种强调色。强调色用于强调用户界面中的重要元素，并指示交互对象或控件的状态。强调色的颜色值会自动生成，并针对深色和浅色模式下的对比度进行优化。强调色被有控制的用于突出重要元素，并传达有关交互元素状态的信息。

3. Windows Phone 11 中的层次和高程

Windows Phone 11 使用分层和高度变化作为应用程序层次结构的基础。层次结构传达在应用程序中导航重要信息，同时让用户的注意力集中在最重要的内容上。分层和高度的变化是强大的视觉线索，可以优化用户体验。

Windows Phone 11 对应用程序使用两层表现。这两个层具有清晰的层次结构，让用户专注于最重要的内容。底层是应用程序的基础，包含应用程序菜单、命令和导航相关的控件。内容层让用户专注于应用的核心体验，它可以位于相邻的元素上，也可以分隔为卡片显示内容。

高程是一个平面相对于另一个平面在桌面上的位置空间关系的垂直深度区别。当两个或多个对象占据屏幕上的同一位置时，只有海拔最高的对象才会在该位置上显示出来。阴影和轮廓线用于描绘控件和平面，以微妙地传达对象的高程，并在体验中需要时帮助聚集焦点。

4. 材质

材质是应用于 UX 表面的视觉效果，类似于现实生活中的人工制品。Windows Phone 11 使用两种主要类型的材质，即遮挡材质和透明材质。亚克力和云母等遮挡材质用作交互 UI 控件下的底层，烟雾等透明材质用于突出浸入式表面。云母、亚克力和烟雾材质在整个窗口中的使用都有特定的用途。

亚克力材质是一种半透明材质，可以复制磨砂玻璃的效果（图 4-8）。在 Windows Phone 11 中，亚克力被更新为更亮、半透明，与它背后的视觉效果有着更紧密的承接关系。亚克力仅用于暂时的、不发光的表面，如弹出式按钮和上下文菜单。亚克力具有模式感知能力，它支持浅色和深色模式。

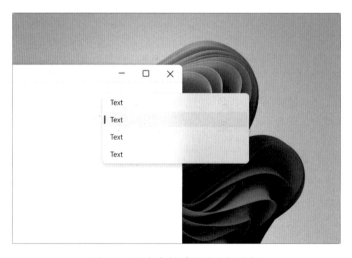

图 4-8　亚克力材质的弹出框范例

云母是 Windows Phone 11 中引入的一种新型不透明材料（图 4-9）。云母表面与用户的桌面背景颜色巧妙地融合。云母材质是模式感知的，它支持浅色模式和深色模式。云母材质还将活动和非活动状态作为内置功能指示窗口。

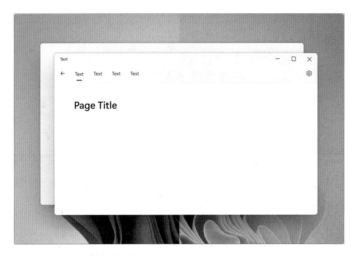

图 4-9　云母材质的窗口范例

烟雾材质通过调暗下层的表面以使其后退到背景中来强调重要的 UI 层（图 4-10）。烟雾材质也用来在一些类型的用户界面（如对话框）下提示阻止交互的信号。烟雾材质不能自动感知浅色或深色模式的变化，无论在何种模式下，它都是半透明的黑色。

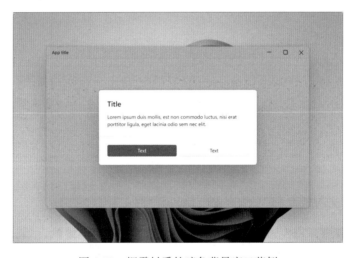

图 4-10　烟雾材质的暗色背景窗口范例

5. 图标

图标是一组视觉图像和符号，帮助用户理解和导航应用程序。图标在整个用户界面中被用作表示概念、动作或状态的视觉隐喻。Windows Phone 11 使用三种不同类型的图标，分别是应用程序图标、系统图标和文件类型图标。

应用程序图标代表 Windows Phone 外壳中的应用程序，它们主要用于启动应用程序，但也代表应用程序出现在 Windows Phone 中的任何地方。应用程序图标应该通过隐喻来代表应用程序的核心功能。

Windows Phone 11 引入了一种新的系统图标字体 Segoe Fluent Icons。这种新字体与 Windows Phone 11 的几何图形完美结合。Segoe Fluent 图标中所有的图示符都以单线样式绘制，这意味着它们是使用 1epx（effective px 有效像素）的一个笔划创建的。Segoe Fluent 图标中的图示符遵循三个美学原则。

（1）最小值：符号仅包含传达概念所需的细节。

（2）和谐：字形基于简单的几何形式。

（3）进化：象形文字使用易于理解的现代隐喻。

默认情况下，Visual Studio（图 4-11）将图标资产存储在资产子目录中。为了确保这些图标在每个屏幕上都看起来清晰，可以为不同的显示比例因子创建同一图标的多个版本。屏幕比例决定了 UI 元素（如文本）的大小。比例系数范围是 100%~400%，更大的值会创建更大的 UI 元素，使它们更容易在高 dp 显示器上看到。

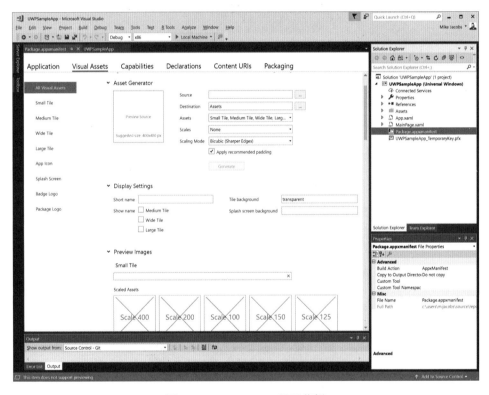

图 4-11　Visual Studio 界面范例

Visual Studio 为管理应用程序图标提供了一个非常有用的工具，称为 Manifest Designer（图 4-12）。它可以一键生成不同尺寸不同用途的一系列图标。

如果没有 Visual Studio 2019，可以使用以下版本，包括一个免费版本（Visual Studio 2019 社区版），其他版本提供免费试用。

另外，Windows 也提供了一套用于 Photoshop 的图标生成器 Tile and icon generator，在官网上下载后，可以在 Photoshop 中使用，其提供的操作系统仅从 7 个文件中就生成了 68 个推荐的图标资源。

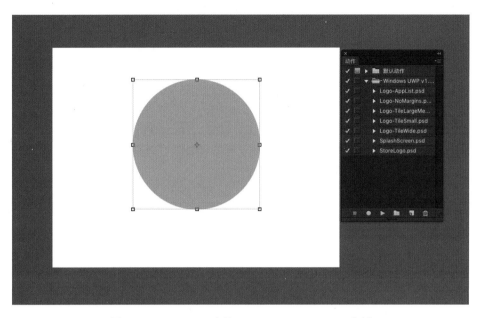

图 4-12　Photoshop 中的 Tile and icon generator 范例

6. 字体

作为语言的视觉表现，字体的主要任务是传达信息。Windows Phone 11 的系统字体帮助您在内容中创建层次结构，以最大限度地提高 UI 的易读性和可读性。Segoe UI Variable 是 Windows 的新系统字体（图 4-13~ 图 4-15）。这是对经典 Segoe 的更新，使用可变字体技术，在非常小的尺寸下动态提供良好的易读性，并在显示尺寸上改进轮廓。

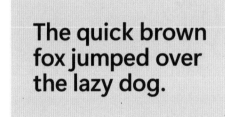

图 4-13　Segoe UI Variable 范例（1）

图 4-14　Segoe UI Variable 范例（2）

图 4-15　Segoe UI Variable 字重区别范例

7. 动效

动效指界面动画和响应用户的交互方式。Windows 中的动效是反应式的、直接的，并且与上下文相关。它为用户输入提供反馈，Windows Phone 11 中的动效原则如下。

（1）连接。动作元素无缝连接。改变位置和大小的元素应该在视觉上从一种状态连接到另一种状态，用户跟随着动态元素从一个点被引导到另一个点，降低静态变化的认知。

（2）一致性。在进入方式相同的情况下，元素的动效应该类似。共享同一 UI 入口的界面应该以相同的动效方式打开和关闭，以使交互保持一致性。每个过渡都应该尊重其他元素的时长、缓动和方向，使界面整体具有凝聚力。

（3）响应。系统响应并适应用户输入和选择。清晰的提示和显示系统能够识别并适应不同的输入、动作和方向。应用程序应该在关注用户操作行为的基础上，让用户感觉到被响应，并根据输入方法帮助用户使用。

（4）愉快的。意想不到的快乐时刻。动作可以为体验增添个性和能量，将简单的动作转化为快乐的时刻。这些时刻总是短暂的，但却有助于加强用户的交互体验。

（5）利用现有资源。在可能的情况下，利用现有的控制来实现动效一致性。尽可能避免自定义动画。使用 WinUI 控件等动画资源进行页面转换、页面聚焦和微交互。如果无法使用 WinUI 控件，请根据应用程序入口点所在的位置模拟现有操作系统的动效行为。

（6）用法。Windows 动效运动速度快、直接，且与上下文相关。计时和缓动曲线根据动画的目的进行调整，以创造连贯的观感体验。在页面转换时需要在同一个图面内进行页面到页面的转换。使用页面转换来平滑地从一个页面转换到另一个页面，并根据应用程序的流程配置动画方向。页面转换会引导用户的眼睛看到传入和传出的内容，从而降低认知负荷。还可以在同一页面内的层到层转换中通过使用连接的动画来实现动态的内容层之间的切换。另外，可以通过动画图标的微交互增加乐趣并显示信息。使用动画图标实现轻量级、基于矢量的图标和插图，动画图标将注意力吸引到特定的入口点，提供各状态之间的反馈，并为互动增添乐趣。

思考：看完本章的内容你是否对不同主流 UI 交互系统的设计特色与主旨有了一定的理解？在 iOS、Android 和 Windows Phone 三款系统中，哪些设计元素和交互模式更符合用户的自然习惯和直观操作？如何利用这些特点来提升用户体验？结合了解到的知识，不妨深入思考，在设计应用时，如何确保 UI 元素在不同操作系统下的一致性和可预测性，以提供用户友好的体验？一定要深入思考、大胆设想，充分了解用户需求，并在实际设计过程中更好、更全面地考虑到用户的需求和系统平台的特点。

第 5 章　Material Design 和设计思维 [1]

Material Design 是由谷歌设计团队为 Android 系统和 iOS 系统等提出的一套设计思维和设计理念，它模仿用户在现实物理世界的操作来进行人与机器的互动，带来了全新的 UI 设计体验和思路。

5.1　Material Design 的设计理念

Material Design 简称 MD，它是一种设计隐喻。MD 的灵感来自物理世界和其质感，涵盖它们反射光线和投射阴影的方式，将界面的表面重新想象成纸张和墨水的媒介。MD 以印刷设计方法为指导——排版、网格、空间、比例、颜色和图像——创造层次、意义和焦点，使观众能够沉浸式体验。

1. 组件

MD 中的组件是用于创建用户界面的交互式模块，包括一个内置状态系统，用于传达焦点、选择、激活、错误、悬停、按下、拖动和禁用状态。组件库可用于 Android、iOS 和 Web（图 5-1）。

组件涵盖一系列界面设计的需求包括以下内容。

（1）显示：使用卡片、列表和表单等组件放置和组织内容。

（2）导航：允许用户使用导航抽屉和标签等组件浏览产品。

（3）操作：允许用户使用浮动操作按钮等组件执行任务。

（4）输入：允许用户输入信息或使用文本字段、标签和选择控件等组件进行选择。

（5）通信：使用 Snack bar（Snack bar 是 MD 中提供的一种兼容提示与操作的消息控件）、banner 和对话框等组件提醒用户关键信息和消息。

---

[1]　该章节内容及部分图片资料参考自 Material Design 官网，更多关于 MD 设计的资讯和案例请以官方网站内容为准。

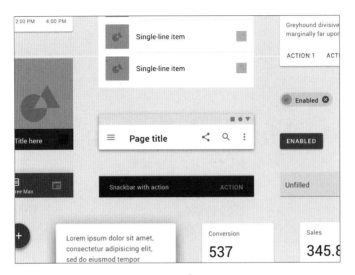

图 5-1   MD 组件中的一些范例

2. 主题

　　MD 提供一些主题化设计的资源，在其主题化设计中，设计师可以轻松定制 UI 设计，使其与品牌的外观和风格相匹配，并为定制颜色、排版样式和拐角形状提供内置支持和指导。如针对亮色主题和暗色主题均给出了设计参考意见（图 5-2）。

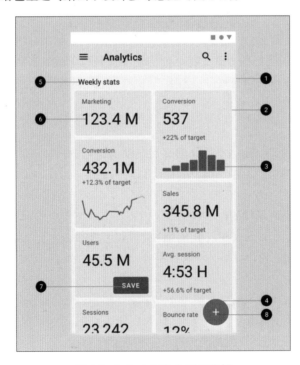

图 5-2   MD 中深色主题的范例

3. 颜色

MD 的颜色系统是将颜色应用于 UI 的一种有组织的方法。全局颜色样式在组件中有名称和其定义的用法，包括主要颜色、次要颜色、表面颜色、背景颜色和错误颜色（图 5-3）。

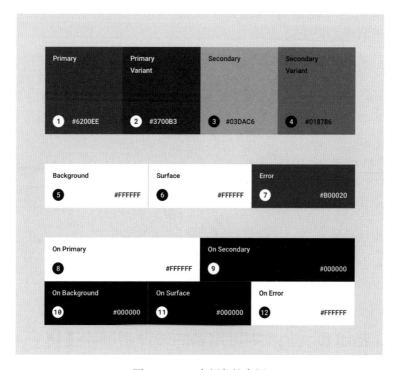

图 5-3　MD 中颜色的介绍

4. 文字

MD 提供 13 种文字编排风格，从主标题到正文和说明注释。每种风格在界面中都有明确的含义和预期用途。其中重要的文字属性如字体、字重和字母大小写可以根据产品特性和与其设计风格进行修改（图 5-4）。

图 5-4　MD 中字体属性的介绍

5. 形状

在 MD 中应用形状样式可以帮助引导用户的注意力并快速识别组件，传达界面的状态，并彰显品牌。所有 MD 组件都根据其大小（小、中、大）分组为形状类别。这些全局样式提供了一种快速更改大小相似的零部件形状的方法，并且设计师也可以使用形状自定义工具生成自己的形状样式（图 5-5）。

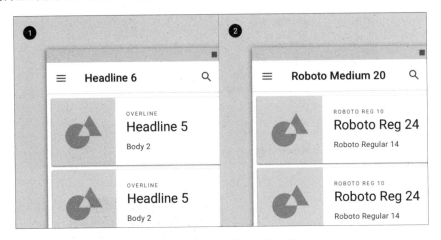

图 5-5　MD 中字体属性的介绍

5.2　Material Design 中可用到的设计资源和工具

MD 官网为设计师提供了一系列相关的设计工具和资源，极大地简化和便捷了设计师的工作。其中包括字体库、图标库、颜色生成面板、图形生成器等。相关设计资源可查阅 MD 官网下载并使用。

思考：如果对 MD 设计概念已经有所了解，建议在以上网站了解更多信息。用户将发现，网站中所提供的不仅仅是参考信息，更重要的是这些设计会极大地激发用户的灵感，从而进行更好的创作。

5.3　Material Design 设计说明

5.3.1　页面环境

在物理世界中，对象可以因实体原因进行相互叠放或紧靠，但不能相互穿过。它们投射阴影并反射光线。MD 反映了界面在具有材质化属性 UI 中的显示和移动方式，以及它们在平面和三维空间中的运动方式，用类似于它们在物理世界中运动的方式进行交互。在 MD 中，其营造了基于物理世界的一个三维控件，有长度、宽度和纵深的纬度概念，并通过这种纵深的控件产生光照和阴影的控件，从而在一个二维的界面中容纳了更多三维物理空间中的操作（图 5-6），从而也创建了界面中的层级关系，让交互过程中信息的主次更加分明，用户可以更直观地看到主要信息。

这里需要注意以下几点。

（1）在三维空间中，界面或者控件卡片等的纵深厚度只有 1dp。

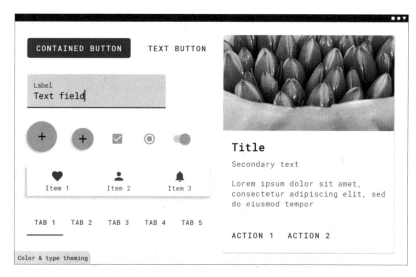

图 5-6　MD 中页面环境的展示

（2）界面高度的改变伴随着阴影的产生，但是不要在高度没有变化的情况下为界面添加阴影。

（3）可以将 MD 中的卡片或者界面当作一个容器，这个容器中可以放置图片等内容，这些图片内容可以跟随容器大小的变化而变化，也可以自身独自变化，但是依旧会受到容器边框的限制。

（4）MD 是模拟物理世界的操作法则，因此需要区别不同界面之间的层级关系，比如输入框的内容不能跨越两个不同高度的页面，而这两个页面在高度发生变化的同时也需要通过阴影来进行区别，而不能混淆在一个平面中。

（5）MD 中的界面不能直接穿过另一个页面，MD 界面的变化可以通过透明度的变化产生，但是不能添加一些气雾、流体等特殊的效果。

（6）MD 界面的尺寸改变是沿着 X 轴或 Y 轴的，不能在这里设计一些弯曲撕裂等特殊的动态效果。

（7）MD 界面可以分裂成几个方形容器形成新的界面或卡片，也可以由几个卡片重新组成一个完整的界面。

图 5-7 展示了 MD 中页面环境案例。

MD 常用的纵深高度的参考值如表 5-1 所示。

表 5-1　MD 常用的纵深高度参考值

组　件	参　考　值
导航抽屉	16dp
App 顶部状态栏	4dp
卡片	1~8dp
FAB 按钮	6dp
按钮	2~8dp
对话框	24dp

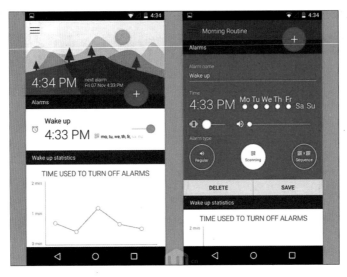

图 5-7　MD 中页面环境的案例

5.3.2　页面布局

　　MD 的页面遵循可预测的、一致的、响应式的布局原则。在页面中使用直观且可预测的布局，并始终使用网格、关键线作为参照。在网页中页面布局是自适应的，它们对用户的设备和屏幕元素的不同尺寸和输入内容可以快速做出反应。

　　在 MD 的页面中，其主体的布局可以分为三个主要区域，分别是 App 顶部状态栏、导航栏和页面主体内容（图 5-8）。

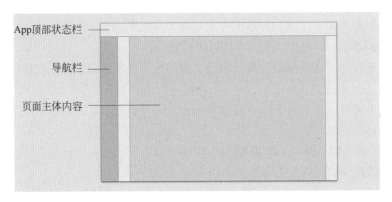

图 5-8　MD 中页面布局的演示

5.3.3　导航

　　导航是在应用程序的界面之间移动以完成任务的行为。它是通过几种方式实现的，使用专用的导航组件，将导航行为嵌入内容的方式，以及由平台承载的导航方式。

　　导航的方向可以分为三种，即平行导航、前向导航、后向导航。平行导航是指在信息结构上处于同级位置的页面之间的导航。前向导航是指从一个页面向纵深的下一个内容页面进行导航，这种导航行为通过嵌入容器（如卡片、列表或图像）、按钮、链接或使用搜索来实现。后向导航指的是按时间顺序（在一个应用程序内或跨不同应用程序）或层次结构（在一个应用程序内）向后移动屏幕。产品平台的约定决定了应用程序中反向导航的确切行为。

在平行导航中的目的地和层次结构可参考表 5-2。

表 5-2 平行导航中的目的地和层次结构

组　　件	用　　于	目标数量	设　　备
导航抽屉	顶级导航目标	5+	手机、平板电脑、桌面端
底部导航栏	顶级导航目标	3~5	手机
标签	任何层级结构	2+	手机、平板电脑、桌面端

也就是说，在使用导航抽屉组件时，可以在导航抽屉内放置多于 5 个的目标页面数量（图 5-9），当使用只能在手机端应用的底部导航栏时，由于手机屏幕尺寸的限制，其导航目标的数量不能超过 5 个（图 5-10），在使用标签进行导航时（图 5-11），标签可以应用在不同的层级结构的导航中，其数量可以多于 2 个。

图 5-9　MD 中页面布局中导航抽屉的演示

图 5-10　MD 中页面布局中底部导航栏的演示

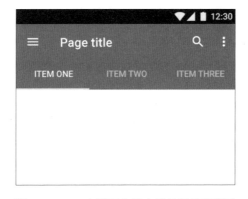

图 5-11　MD 中页面布局中导航标签的演示

5.3.4　颜色

在 MD 的颜色系统中，可以选择一种主色和一种副色来代表产品。每种颜色的深色和浅色变体都可以以不同的方式应用于用户界面。颜色主题的设计要和谐，确保文本的可显示性，并将 UI 元素和界面彼此区分开来。

在 MD 的设计中，提供了设计调色板工具来帮助选择颜色（图 5-12）。

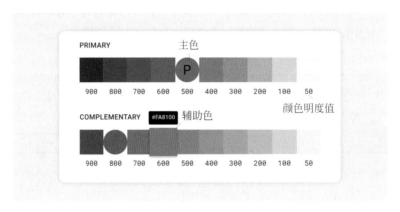

图 5-12   MD 中的调色板

主体色和辅助色之间要相互呼应，主体色可以彰显产品的主体气质和视觉形象。另外，主体色和辅助色的相互运用过程中，可以将页面中的 UI 元素区分并凸显出来，从而体现界面的可用性。

一般来说，在一个主色之后，会使用 1~2 种主色的变体来丰富界面的色彩系统，这个变体色往往是采用与主色色相相同或相近的颜色，在明度和纯度上稍做变化，这样有利于产品形成一个整体的色调。

主色和辅助色的颜色往往是对比色或是补色关系，这样有利于在一个整体色调中区别性地强调重点元素的内容和功能，比如通常会将 FAB 按钮设计成与顶栏和底栏形成对比色彩关系的颜色。这样方便用户直接地观察到主要功能性的按钮。

哔哩哔哩 App（图 5-13）整体以粉色为主色，采用粉色颜色的变体色进行构建变化，相互呼应。辅助色采用蓝色，用作主要功能性的选项，颜色、主题设计和谐，突出文本的显示，并将主要的元素呈现出来。

5.3.5 文字

谷歌提供了一套字体 Google Fonts，并开发了一个用于测试不同字体不同尺寸可用性的工具 type scale generator。图 5-14 中的示例字体使用 Roboto 字体来显示所有标题、副标题、正文和字幕，创造了一种连贯的排版体验。层次结构通过字体大小（轻、中、常规）、间距和大小写的差异进行表现。可以参照这个尺寸和比例来设计产品界面中的字体大小和比例。

图 5-13   哔哩哔哩 App 颜色展示

Scale Category	Typeface	Weight	Size	Case	Letter spacing
H1	Roboto	Light	96	Sentence	-1.5
H2	Roboto	Light	60	Sentence	-0.5
H3	Roboto	Regular	48	Sentence	0
H4	Roboto	Regular	34	Sentence	0.25
H5	Roboto	Regular	24	Sentence	0
H6	Roboto	Medium	20	Sentence	0.15
Subtitle 1	Roboto	Regular	16	Sentence	0.15
Subtitle 2	Roboto	Medium	14	Sentence	0.1
Body 1	Roboto	Regular	16	Sentence	0.5
Body 2	Roboto	Regular	14	Sentence	0.25
BUTTON	Roboto	Medium	14	All caps	1.25
Caption	Roboto	Regular	12	Sentence	0.4
OVERLINE	Roboto	Regular	10	All caps	1.5

图 5-14　文字部分的展示

　　谷歌字体还提供了类型刻度生成器，它是用于创建类型刻度和相应代码的工具。选择的任何字体都会根据材质排版指南自动调整大小和优化，以提高可读性。其中收录了中文的简体和繁体（图 5-15）。

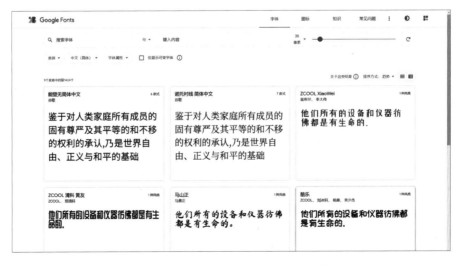

图 5-15　谷歌字体收录的中文的简体和繁体展示

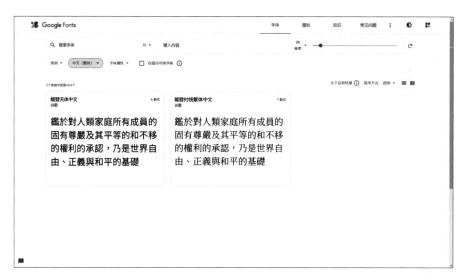

图 5-15（续）

5.3.6　声音

不同于传统纸媒以静态的方式传播信息，在移动端和客户端上，有更多动态的、声音的、影像的交互方式，全方位调动着人的感官来传达信息。声音作为交互过程中不可或缺的一个元素在 MD 的设计理念中也有相关的说明和设计准则。

第一，产品中的声音需要提供有用信息，声音应该是直观的、功能性的和可理解的。第二，声音需要是真实的，它是产品品牌标识和美学的真实体现。第三，产品中的声音可以对用户提供安慰，声音应该创造一种舒适感和安全感——只有在需要的时候才给出声音。

UI 中会涉及三种声音，分别是音效、音乐和语音。每种类型都以不同的方式传达信息和品牌标识。可以使用不同类型的声音来创建特定效果，多个声音可以单独或同时存在于同一 UI 中。

1. 音效

数字用户界面大部分是以视觉方式传达的。声音增加了这些信息的表达方式，并提供与用户联系的另一种方式。声音设计可以传达信息，表达情感，并教育用户进行互动。

声音设计可用于将 UI 元素与特定声音相关联；表达情感或个性；通过将互动与特定声音联系起来，传达层次结构。

2. 音乐

音乐主要用于讲故事和在 UI 中表达情绪。当音乐与图像或动作搭配时，可以提升产品的总体叙事效果和使用感。

音乐可以在 UI 中用于情感共鸣语境、广告、提供快乐的时刻、讲故事。

3. 语音

语音可以在音效和音乐无法实现的地方交流信息。语音可以在用户界面中用于传达复杂信息、提供对话和说明、增强语气和个性。另外，语音对于无障碍设计的实现是十分有必要的，在视觉无法传达的时候，语音可以有效地进行信息的说明和讲解。

声音可以在交互过程中提供反馈，或者起到装饰润色的作用，优化用户的使用体验，比如交互过程中经常会使用到一种带有奖励性的声音，被称为"英雄声音"，这种声音用作鼓励或者奖赏用户完成某一个目标或者操作，极大地丰富了产品的情感属性。

MD 官网提供了一套声音文件可进行下载应用。

5.3.7 图标

品牌和产品的视觉表达形成了产品的图标。图标以简洁、醒目、友好的方式传达产品的核心理念和意图。虽然在视觉上每个图标呈现出来的感觉是不同的，但品牌的所有产品图标都应该通过概念和行为来统一。MD设计中的触觉和物理质量反映在图标的设计中，每个图标都像纸张一样被切割、折叠和照亮，但都由简单的图形元素表示（图 5-16），材质坚固、褶皱干净、边缘清晰。曲面通过微妙的高光和一致的阴影与光照相互作用。

图 5-16　图标部分案例

在创建图标时，以 400%（192dp×192dp）的比例查看和编辑图标，以 4dp 的比例显示边缘。通过保持此比例，对原始图像的任何更改都将按比例放大或缩小，从而在比例恢复到 100%（48dp）时保留锐利的边缘和正确的对齐（图 5-17）。

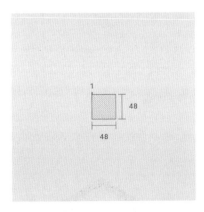
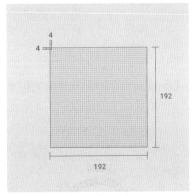

图 5-17　图标比例

MD 产品图标中通常通过网格和关键线来绘制一个标准的图标（图 5-18）。

MD 中的系统图标尺寸要小一些，一般是 24dp×24dp，默认使用 2dp 的圆角、2dp 的线宽来绘制（图 5-19）。系统图标往往是单线的，其尺寸较小，所以不宜绘制得过于复杂。

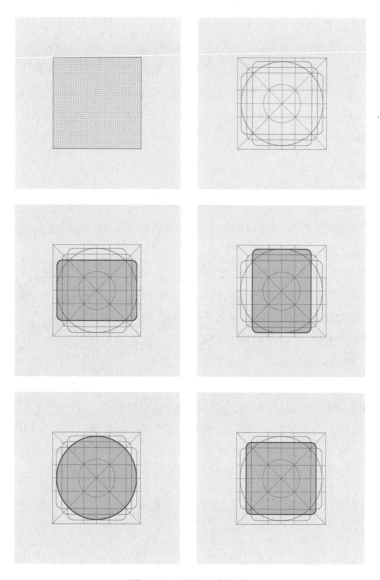

图 5-18　网格和关键线

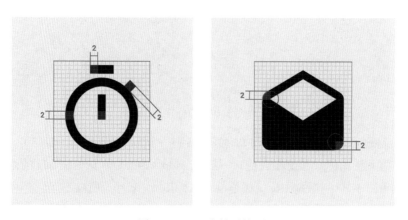

图 5-19　MD 中的系统图

5.3.8　图形

在 MD 设计中，图形经常作为容器、栏、标签及按钮等元素出现。一般默认为 4dp 的圆角矩形，但是也可以根据自己页面的视觉需求来进行个性化设计。图 5-20 展示了 MD 一些常用的图形形状。

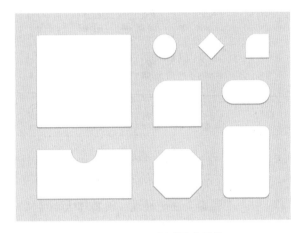

图 5-20　MD 常用图形形状

在应用图形进行设计时，经过设计的有特点的图形可以彰显产品的个性，在用户中建立强烈的识别性。另外，图形的使用需要考虑到其可用性，不可因为过度设计而影响界面的可操作性，如透明度过高的按钮设计会影响用户的使用。

5.3.9　动效

动效的功能在于方便用户操作和理解界面或某一特定元素的使用方法。从目的上来说，动效是为了操作的便捷，而不应该加深操作的难度。动效的设计可以遵循以下原则。首先，动效要提供有用的信息；其次，动效需要让用户将注意力集中在重要的元素上，而不会分心；另外，动效要具有表现力，可以通过动效来嘉奖或庆祝用户操作过程中的某一个节点或者行为，为常见的互动添加个性，并能表达品牌风格。

图标、插图和产品标识中的微妙动画可以为用户体验增添光泽和趣味性。动效可以用来强调操作中的关键点，也可以提供及时反馈，并指示用户或系统操作的状态（图 5-21）。

MD 的运动系统由四种模式组成，用于在组件或全屏视图之间转换。这些模式旨在通过加强 UI 元素之间的关系来帮助用户导航和理解应用程序。

（1）容器的形变。容器充当持续存在的元素，其尺寸、位置和形状在转换过程中同步设置动画。容器的内容将固定到容器的上边缘，并在容器变换时进行缩放以匹配容器的宽度。淡入淡出用于对输出和输入元素进行排序。

（2）沿着轴线的运动（x、y 或 z 轴）。该动效用于具有空间或导航关系的 UI 元素之间的转换。该模式使用 x、y 或 z 轴上的共享变换来加强元素之间的关系。在轴线运动模式中，传出和传入的元素共享相同的水平（x 轴）、垂直（y 轴）或高程（z 轴）变换。此外，淡入淡出的顺序排列了输出和输入的元素。

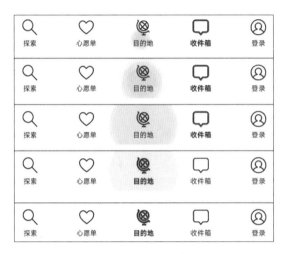

图 5-21   动效案例

（3）渐变过渡。渐变模式用于关系不密切的 UI 元素之间的转换。在渐变过渡中，外向元素首先淡出。接下来，引入的元素会逐渐显现，而整体大小会从 92% 扩展到 100%。元素缩放从 92% 开始，而不是 0%，以避免过度关注过渡。缩放动画仅应用于传入元素，以强调新内容而不是旧内容。

（4）淡入淡出。淡入淡出模式用于在屏幕范围内进入或退出的 UI 元素，如从屏幕中心淡入淡出的对话框。进入时，元素的整体大小从 80% 到 100% 使用渐变和缩放。缩放动画从 80% 开始，而不是 0%，以避免过度关注过渡。退出时，元素会淡出。缩放动画仅应用于输入的元素。这将重点放在新内容（输入元素）上，而不是旧内容（退出元素）。

5.3.10   交互

在交互过程中，往往是通过手势帮助用户使用触摸方式快速地执行任务。在使用手势进行交互的过程中，手势使用触摸作为执行任务的另一种方式。为了交互的便捷，设计需要允许用户可以用不精确的方式执行手势控制。另外，手势设定中需要允许使用触摸直接更改 UI 元素，例如精确缩放地图。

元素的外观和行为应该能表明是否可以对其执行手势操控。视觉提示表明可以执行一个手势，如显示卡片的边缘，表明可以将其拉到视图中（图 5-22）。

在 MD 的规则中，手势的类型包括以下几种。

（1）导航手势。导航手势帮助用户轻松浏览产品。它们补充了其他显示如按钮和导航组件的输入方法。导航手势的类型包括单击、滚动、平移、拖曳、滑动、双指放大。

（2）动作手势：动作手势可以执行动作或提供完成动作的快捷方式。动作手势的类型包括单击、长按、滑动。

（3）变换手势。用户可以通过手势变换元素的大小、

图 5-22   交互展示

位置和旋转。变换手势的类型包括双击、双指缩放、复合手势、拾起并移动（图 5-23）。

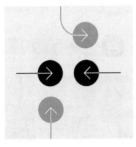
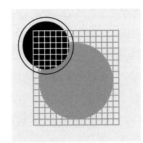
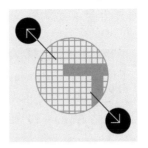

Alternative interaction
Gestures use touch as another way of performing a task.

Easy to use
Users can perform gestures in imprecise ways.

Tactile control
Gestures allow direct changes to UI elements using touch, such as precisely zooming into a map.

图 5-23　手势展示

　　思考：具体学完了 MD 的方方面面以后是否更深入更彻底的了解了 MD 呢？这是一个较长的章节，基本涵盖了 MD 所涵盖的内容。无从下手没有关系，最好的训练方法是逐步叠加法：自己尝试其中一个内容，如界面环境，仔细强化这一概念，当你确认完成后，请同学帮你优化，如果可以请老师再帮你检查，看看是否可以更好地改进。当一切条件具备后，再把诸如"图形""颜色"等概念叠加进来，以此类推，直到叠加完成所有。你也可以不按照上面的顺序，找你感兴趣的方法先去尝试，如"手势"然后再去依次叠加别的。逐步叠加法可以有效地帮助你检查你的创意是否还有漏洞，是否更满足使用者。抓紧动起来吧，最好的锻炼就是一次次地试错再一次次地改正和优化，互相协助会使你的设计更加符合更广泛的用户需求。

5.4　Material Design 案例分析

1. Behance

　　（1）Behance。Behance（图 5-24）是国外设计师使用的最知名网站之一，网站中提供

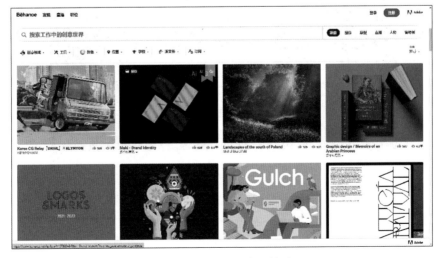

图 5-24　Behance 官网界面

有各式各样可参考的网页、App 设计案例。Behance App 利用了 MD 中的多种空间、按钮、文字排版等规范，让人看起来赏心悦目，且可获得良好的交互体验（图 5-25）。

（2）产品架构。Behance 是 2006 年创立的著名设计社区，在这里，设计者们可以将自己的设计展示出来，在观看其他设计者的作品时，还可以进行沟通交流（留言、关注、站内互动等）。

（3）布局。使用响应式网格系统，该系统具有灵活的列和填充，可以根据屏幕宽度（如移动设备、台式机）调整大小，将内容堆叠在列中。

（4）颜色。Behance 原色是白色，使用灰度调色板，使设计脱颖而出，易于用户观看而不会分心；次要颜色是蓝色，被谨慎使用，以确保在出现的地方有很大的影响。

（5）形状。组件根据其大小分组到形状类别中。这些类别允许一次设置多个组件值。形状类别包括小型组件、中型组件、大型组件。

2. 看理想

2015 年，图书品牌"理想国"拓展出版的边界——以视频、音频、社交媒体乃至于物质制作的方式，推动人文素养与生活美学的成熟，"看理想"从此诞生（图 5-26）。

图 5-25　Behance App 界面

无论是视频、音频、App，还是咖啡、葡萄酒，甚至一场场艺文演出，看理想都希望以做书的态度去珍视和对待，向这个时代的青年，用心传递出一套有价值、有意义的观念和感受（图 5-27）。

图 5-26　看理想官网界面

（1）产品架构。看理想 App 是一款人文社科内容型音频产品，内容生产方式主要是 PCG，并主要以知识付费的形式实现商业变现。

（2）布局。看理想使用响应式网格系统，该系统具有灵活的列和填充，可以根据屏幕宽度（如移动设备、平板电脑）调整大小。

图 5-27　看理想 App 界面

（3）颜色。看理想 App 原色是白色，使设计脱颖而出，并且易于观看而不会分心，突出内容的要点；次要颜色是蓝色与橙色，被谨慎使用，以确保在出现的地方有关键性作用。

（4）形状。组件根据其大小分组到形状类别中。这些类别允许一次设置多个组件值。形状类别包括小型组件、中型组件、大型组件。

思考：你还有更好的案例吗？请把这些案例汇总起来做出总结，寻找它们的共性和个性，在自己的创意设计中尽量尝试去运用。

第 6 章　移动端 App 界面设计

移动端 App 产品是目前应用最为广泛的互联网产品之一。这里的移动端不但包括手机，还包括平板电脑、智能手表等可移动的智能产品（图 6-1）。本章将通过实际的案例设计来了解如何设计一款基于移动端的 App 产品。

图 6-1　苹果的系列智能产品

图 6-1 中是苹果的系列产品的界面设计，反映了同一款 App 在不同智能产品的 UI 设计都有区别。

6.1 图标设计

图标如同一个公司的标识，通过图形、颜色、文字的组合来形成具有识别性的形象内容，彰显公司或者产品的个性和特色。图标在 App 产品中也起到彰显产品特色并提供信息或功能指示的作用（图 6-2）。

图 6-2 App 图标设计

在图 6-2 中，微信、QQ 音乐和 Instagram 采用了简约的图形设计和鲜艳的色彩搭配来进行图标设计。抖音选择的是简约的音符和重影手法来进行图标设计。

图标广义上的概念是指具有指代意义的图形符号，具有高度浓缩并快捷传达信息、便于记忆的特性。图标的应用范围很广，包括软硬件、网页、社交场所、公共场合，无所不在，如各种交通标志（图 6-3、图 6-4）等。

图 6-3 交通标识（1）

图 6-4 交通标识（2）

在图 6-3 和图 6-4 中，交通标志的设计以醒目和简单为主，能够快速在短时间内通过鲜明颜色和简单符号给人群传递信息。

图标狭义上的概念是指应用于计算机软件方面的图形标识，包括程序标识（图 6-5）、数据标识（图 6-6）、命令选择（图 6-7）、模式信号（图 6-8）或切换开关、状态指示（图 6-9）等。

在图 6-5 中，Windows 计算机的程序标识是图标和文字的结合。

图 6-5　Windows 系统的程序标识

在图 6-6 天气预报软件中，展示天气状况标识设计是数据标识中的一种。

图 6-7 是命令选择的一种，界面弹出按钮，强制性选择其中一个按钮。

图 6-6　天气的 App 界面设计　　　　图 6-7　苹果的关机界面

图 6-8 是模式信号的一种，显示手机信号模式、电量模式、WiFi 模式和锁屏模式。

图 6-8　手机系统的顶部信息显示栏

图 6-9 中的"自动"和"原彩显示"按钮都属于切换开关。"开"状态显示时是鲜艳的绿色，"关"状态显示时是浅灰色。其设计使鲜艳绿色能够优先吸引用户的视线，让用户了解

到按钮的开关状态。

本章节中所说的图标是指狭义范畴上的图标。这些图标又可以分为启动图标和功能图标。

（1）启动图标。用于启动软件的图标，并用于软件的标识，如微信、微博等的主图标（图6-10）。

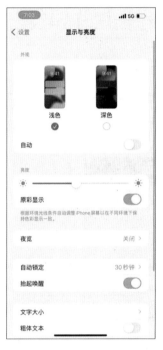

图6-9　iOS系统的显示设置　　　　　　　　　图6-10　App图标设计

在图6-10中，不同App运用不同的设计手法，网易云音乐和YouTube是图形设计，淘宝和有道采用字体设计。

（2）功能图标。功能图标是指存在于应用界面中的所有图标，常出现在列表、标签、导航栏等（图6-11、图6-12）。

图6-11　QQ聊天框工具栏　　　　　　　　　图6-12　微信的聊天工具框

在图6-11所示的QQ聊天框中的"语音通话""视频通话"和"文件"属于功能图标设计，

其图标设计是按钮功能的几何图形化。

在图 6-12 中，微信聊天工具框的功能图标设计以黑白为主，符合其简约的品牌调性，功能图标与文字说明相互组合，能使用户清晰地了解到图标的具体功能。

（3）图标设计的原则。图标设计应符合一定的原则，包括可识别性原则、一致性原则、兼容性原则、习惯性原则。

（4）可识别性。图标的图形要能准确地表达相应的含义。换言之，用户看到一个图标，便应该能明白这个图标所要表达的含义（图 6-13、图 6-14）。

图 6-13　桌球游戏的图标设计

在图 6-13 中，图标使用的是插画设计，通过球的插画展示明确该 App 是属于桌球游戏类别的。

图 6-14　酷狗音乐

在图 6-14 中，酷狗音乐的标识设计元素是蓝色背景、白色圆形和大写字母 K 三种元素构成。其中蓝色背景是酷狗软件界面设计的主要色调。

（5）一致性。一致性是指同一个图标出现在不同系统平台上的形象要一致（图 6-15）；在同一平台中不同图标之间的规范要一致（图 6-16）；在同一应用里的图标风格、细节和规格要统一（图 6-17）。

图 6-15　微信图标

在图 6-15 中，微信图标在 iOS 和 Windows 系统中的形象显示是一致的。

在图 6-16 中，iOS 系统各 App 图标的面积大小一致，以圆角矩形为标准规格。

图 6-16　iOS 系统各 App 的图标

图 6-17　QQ"动态"界面设计

在图 6-17 中，QQ 软件中不同功能的图标设计是一致的，以小面积的圆角矩形和文字结合的彩色图标设计。

（6）兼容性。兼容性考虑图标与环境的适应性，图标要在各种环境和背景下都清晰可辨（图 6-18）。

在图 6-18 中，图标在黑、白背景中都是清晰明显的。在进行图标设计时要考虑多种背景下的图标设计是否清晰明显。

（7）习惯性。图标的设计要充分考虑并尊重用户的使用习惯，如用户看到放大镜会联想到"搜索"功能（图 6-19），而看到齿轮会想到"设置"。不要刻意打破用户的使用习惯，这样会为用户的使用带来不便。

如图 6-19 所示，搜索图标一般采取放大镜的图形设计，迅速明确放大镜的图标是代表搜索的功能。

图 6-18　黑、白状态下的启动图标　　　　　　　　　　　图 6-19　搜索图标

6.1.1　扁平化图标设计

　　扁平化图标是近年来十分流行并受大众喜爱的图标设计风格，它通过简洁的图形、明快的配色在方寸之间传达信息，树立产品形象（图 6-20、图 6-21）。图 6-20 是一款商务主题的扁平化图标，以线性设计为主，减少大量渐变与浮雕的手法，通过简单几何图形来达到设计目的。图 6-21 是一款以医疗为主题的系列扁平化图标，通过黑色几何线条来组成图标达到设计目的。本小节将通过案例"美术馆 App 图标设计"来学习如何设计一款扁平化图标。

图 6-20　商务主题的图标设计　　　　　　　　　　　图 6-21　医疗主题图标设计

设计之前，先要了解产品的属性，这是一款什么产品的图标，用户群体是哪些人，客户有什么具体的要求。

首先，要设计的是一款美术馆 App 的图标（图 6-22）。用户群体是热爱艺术的青年人和中年人。该产品主要提供画展信息、视频展览、艺术专访、线上购物等功能，要求是简洁并有艺术气息。有的时候，这种要求是一些定性的要求，也就是没有具体的指标，如"有艺术气息"这一点就很难界定，这需要设计师根据自己的经验和审美，从用户需求的角度出发去提供创意和设计。

1. 设计需求

Logo 的设计是属于美术馆类目的，其需求是能够清晰地辨别该标识的主要名称。

2. 创作灵感

将美术馆的建筑图形以阴影面积凸显出"GALLERY"字体的方式呈现出来，将字体设计作为该图形设计的主题。画面由字体与阴影两种元素组成。

3. 草图

美术博物馆草图如图 6-23 所示。

4. 创作过程

（1）在 Photoshop 2021 中新建"预设详细信息""宽度""高度""分辨率"分别为"美术馆 Logo 的设计""1024 像素""1024 像素""72ppi"的图像文件。

（2）新建图层 1，使用"油漆桶"选择灰绿色 #848d67，将画布填充为灰绿色（图 6-24）。

图 6-22　博物馆 Logo 设计　　　图 6-23　美术博物馆草图　　　图 6-24　灰绿色底层

（3）使用"文字工具" ，添加英文字母"LAFA"和"Gallery"并填充颜色"#ebe4c4"，字体大小分别是"420.96 点"和"322.87 点"（图 6-25），添加文字完成（图 6-26）。

（4）新建图层，将新建图层放置于字体图层的下一层。然后绘制字母的阴影部分，使用钢笔工具将阴影部分勾勒出来，按 Ctrl+Enter 组合键确定选区，并填充 444e2a 的颜色（图 6-27）。

（5）新建图层，使用钢笔工具绘制倒三角形。按 Ctrl+Enter 组合键确定选区，并填充 444e2a 的颜色，将其作为上下字母的连接（图 6-28）。

（6）新建图层，使用钢笔工具绘制不规则的山体作为"Gallery"的投影。按 Ctrl+Enter 组合键确定选区，并填充 444e2a 的颜色（图 6-29）。

（7）图标绘制完成，将文件保存。

图 6-25　字符大小

图 6-26　文字添加

图 6-27　文字阴影

图 6-28　倒三角形

图 6-29　建筑阴影

6.1.2　拟物化图标设计

拟物化图标从字面上可以理解为模仿现实世界事物的形态和质感来制作的图标。其效果写实逼真，经常在一些游戏类软件或追求真实质感的网页中出现。可以使用二维软件如Photoshop 来制作，也可以使用 Cinema 4D 等三维类软件来制作。

本小节就来制作一款音乐播放器的拟物化图标（图 6-30）。

1. 设计需求

在设计之前，一定要有明确的需求。该项目是属于音乐类别的图标设计，能让用户快速在屏幕中识别到该图标是音乐 App。这次的设计是以音乐为主题。

2. 创意头脑风暴

针对"音乐"二字进行头脑风暴，罗列出所有跟音乐相关的关键词（图 6-31）。在关键词中进行筛选留下符合主题的关键词。例如，"播放器"就非常符合该主题，针对"播放器"进行图像搜索（图 6-32）。

3. 草图

当有灵感确定创作思路时，需要在第一时间把它画出来便于记录和修改。手绘是一个设计师必备的技能之一（图 6-33）。

4. 创作思路

（1）在 Photoshop 2021 中新建"预设详细信息""宽度""高度""分辨率"分别为"音

图 6-30 音乐 App 图标设计

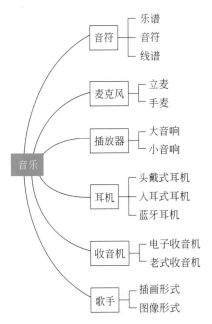

图 6-31 头脑风暴针对音乐词语

图 6-32 音乐播放器图像

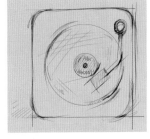

图 6-33 播放器草图设计

乐播放器的拟物化图标""1024 像素""1024 像素""72ppi"的图像文件，然后创建图像文件。

（2）右击"油漆桶" ，选择"渐变工具" ，填充"紫色渐变"，创建一个渐变的图层（图 6-34）。

（3）导入音乐播放器草稿，打开"文件"菜单 文件(F)，选择"打开"命令，在弹出的"打开"对话框中选择提前准备好的草稿文件（图 6-35）。新建"图层"，双击"图层"文字 ，将"图层"重命名为"音乐播放器草稿"。

（4）单击"椭圆形工具"图标，描绘一个椭圆形并使用单击"油漆桶"图标填充 #0e3a73 颜色作为投影，单击上部工具栏中"滤镜"菜单 滤镜(T)，在其下拉菜单中选择"模糊"子菜单，在弹出的子菜单中选择"高斯模糊"命令（图 6-36）。

（5）使用"矩形工具" ，将播放器的外轮廓制作出来，填充"白色"。双击图层，进入"图层样式"界面，在"斜面和浮雕"对话框（图 6-37）、"内阴影"对话框（图 6-38）、"渐变叠加"对话框（图 6-39）中设置具体参数，完成制作外轮廓（图 6-40）。

图 6-34　创建渐变图层

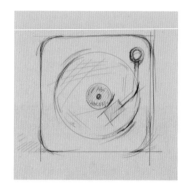

图 6-35　草稿

图 6-36　设置"高斯模糊"

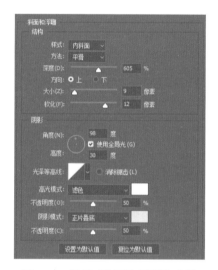

图 6-37　设置"斜面和浮雕"参数

图 6-38　设置"内阴影"参数

图 6-39　设置"渐变叠加"参数

（6）同（5），制作播放器内圆（图6-41）。

图6-40 播放器外轮廓

图6-41 制作播放器内圆

（7）建立新图层，使用"椭圆工具"绘制一个圆形，填充 #999696 颜色。双击图层，在"光泽"（图6-42）对话框和"外发光"（图6-43）对话框中设置效果具体参数，完成制作播放器内圆（图6-44）。

图6-42 "光泽"参数

图6-43 "外发光"参数

（8）导入网格图片，将智能图层转化成图层，右击网格图层和灰色椭圆"剪辑模版"，形成椭圆网格布（图6-45）。

图6-44 播放器内圆

图6-45 播放器网格

（9）新建图层，建立小的椭圆形，双击图层，添加效果"斜面和浮雕""内发光""渐变叠加""外发光"，其具体参数如图6-46~图6-49所示，完成制作播放器上按钮凹槽（图6-50）。

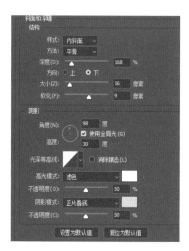

图6-46　"斜面和浮雕"参数

图6-47　"内发光"参数

图6-48　"渐变叠加"参数

图6-49　"外发光"参数

（10）新建图层，使用"钢笔工具"对音乐播放器支架进行描绘，并填充深灰色。双击图层添加效果"斜面和浮雕""内阴影""内发光""光泽"，完成支架的制作（图6-51）。

图6-50　右上角圆形

图6-51　黑色播放支架

（11）新建图层，重命名为"银色播放支架"，使用"圆角矩形工具"绘制出音乐播放器支架，双击图层添加效果"斜面和浮雕""内阴影""内发光""渐变叠加""投影"，具体参数如图 6-52 所示。完成制作"银色播放支架"（图 6-53）。

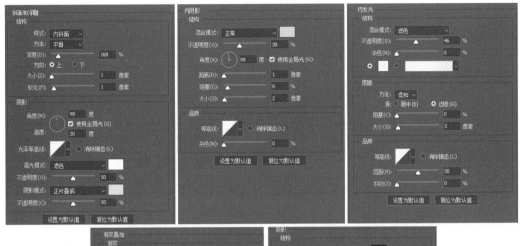

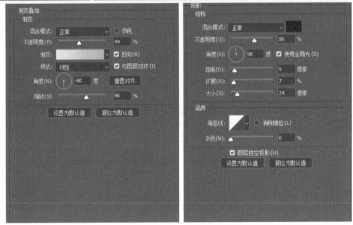

图 6-52 "银色播放支架"添加效果具体参数

图 6-53 播放器方块和银色支架

（12）新建"红色金属圆形"图层，使用"椭圆工具"按住 Shift 键绘制一个圆形，填充红色 #983f3f，双击图层添加效果，"内阴影""渐变叠加"和"投影"（图 6-54）。红色圆形中的金属圆，绘制一个圆形，填充黑色，添加效果（图 6-55），完成绘制中心区域（图 6-56）。

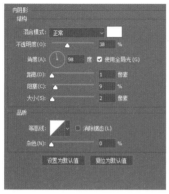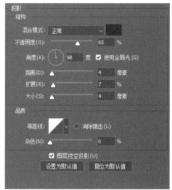

图 6-54　红色圆形具体参数

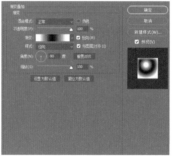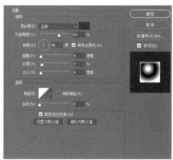

图 6-55　金属圆具体参数

（13）使用"椭圆工具"绘制一个圆形，选择"文字工具"，单击圆形，自动生成圆弧形路径字体，填写内容"MUSIC"和"Enjoy Your Music"，字号分别是"18 点"和"12 点"，其颜色是白色 #fffcfc（图 6-57）。

图 6-56　中心红色圆形　　　　　　　　图 6-57　圆弧文字

（14）保存文件。

思考：我们每天都能看到的不起眼的 App 图标设计背后居然有这么大的玄机和丰富的信息。建议大胆想象，大胆尝试，利用"反推法"。先不去考虑任何以上知识，自己凭空想象一个你喜欢的 App 图标，画出草图，之后在你的设计中去寻找发现以上知识点中的方法，你一定会得到惊喜，或多或少，你的设计会与以上的知识点有所重合。而后再去应用上面的操作方法，更正规有效地优化你的创意，对比前后的设计，是否更精彩了？是否整个创作过程更加理性了？所以，这里提供给大家的只是一套学习和操作方法，设计的本质和冲动还要依靠各位的创意。大胆想象吧，不要被知识所束缚。

6.2　页面设计

6.2.1　引导页设计

引导页是初次下载并使用 App 时，系统提供给用户的信息引导页面。引导页通常会有 3~5 个页面，提供的信息包括介绍产品的特色、功能、最新活动情况等；告知用户版本更新的主要内容，如 UI 风格更新等；轮播点、登录注册按钮、跳过按钮、开启按钮等。

引导页有四种常见的设计风格。

（1）插画风格。使用场景、人物或物品制作插画来展示信息（图 6-58～图 6-60）。

图 6-58　海淘软件

图 6-59　日记软件

（2）背景图风格。使用照片等氛围图来突出产品信息和彰显格调（图 6-61 和图 6-62）。

（3）界面截图风格。使用产品中关键的页面截图来说明功能（图 6-63 和图 6-64）。

图 6-60 笔记软件

图 6-61 美食 App

图 6-62 天气汇报 App

图 6-63 服务 App

（4）视频风格。使用动态影像或动画来沉浸式彰显产品特质（图 6-65）。

抖音作为短视频软件，其引导页通常都是采用动态影像的风格来设计的，如图 6-65 所示。

图 6-64　WiFi App

图 6-65　抖音的引导页面

6.2.2　启动页设计

启动页是我们在打开图标加载 App 内容时，为优化用户等待时的体验感而采用的一个图像界面，这个图像界面可以用来彰显品牌形象，也可以用来凸显某一个信息或广告，它在一款 App 的设计中是不可或缺的一部分。

通常来说，启动页中涵盖启动图标、产品名称、广告词、版本号和背景图等内容，有时还会根据特殊情景提供一些额外信息。

启动页常见的有三种形式。使用纯色或渐变色背景配合启动图标的页面形式（图 6-66）；使用插图或摄影作品的启动页面（图 6-67）；基于节假日而特殊定制的启动页（图 6-68）。

在图 6-66 中，淘宝的启动页面以白色为底色，居中的启动图标与导语相结合搭配成启动页面。

在图 6-67 中，闲鱼的启动页面设计是以 3D 立体插画为主的界面设计，使用了该品牌的主色调中黄色和鱼的形象化设计。

图 6-68 是中国建设银行以 2022 年生肖为主的节日限定性启动页面设计。该界面是2022 年特殊定制的，该启动界面设计中红色和金色的颜色搭配是传统节日的色彩搭配。

在本小节中，尝试设计一款摄影启动页面。

（1）在 Photoshop 2021 中新建一个"预设详细信息""长度""宽度""分辨率"分别是"启动页面设计""1125 像素""2436 像素""72ppi"的浅蓝色（#DEF1FF）画布（图 6-69）。

（2）新建图层，插入彩色铅笔的摄影素材置于画布底端，形成初步的构图（图 6-70）。

（3）新建图层，双击"图层"文字重命名为"顶部彩色铅笔"，将准备好的图片素材拖进 Photoshop 画布里，在画布顶端插入彩色铅笔的笔尖，完善整个画面的构图，丰富画面内容（图 6-71）。

图 6-66   淘宝的启动页面

图 6-67   闲鱼的启动页面

图 6-68   中国建设银行的启动
页面设计

图 6-69   浅蓝色画布

图 6-70   底部彩色铅笔

图 6-71   顶部彩色铅笔

（4）新建"水滴图标"的图层，首先使用"钢笔工具" ⊘ 绘制出一个水滴形状的蓝色图案，按 Ctrl+Enter 组合键，钢笔路径自动生成选区，在选区中使用"油漆桶"填充颜色"#17A0F7"，第一个水滴图形制作完成。在水滴形状的下方再叠加一个同颜色的方圆形，与原有的水滴形状结合，复制该图形调整不透明度至 40%（图 6-72），制作出初步的效果。

（5）用"钢笔工具"绘制更大形状的水滴图形，且调整透明度至合适的效果，完善整个画面效果（图 6-73）。

（6）单击"文字"图标，新建"文字"图层，在画面中央加入此 App 的字体标志"学又爱"与 slogan"UI 设计师交流天地"。新建画布，在画布顶端加入手机状态栏进行手机界面的模拟，让效果更逼真（图 6-74）。

图 6-72　水滴图标设计　　　　图 6-73　水滴渐变图标　　　　图 6-74　渐变界面设计

6.2.3　登录页设计

登录页是用户在使用产品登录时的信息输入页面，属于功能性的页面，所以其页面通常以更为简洁明快的风格形式出现，从而减少干扰信息，让用户将注意力集中到功能上来。

登录页中会包括以下信息。登录信息输入框、确定按钮、Logo、背景图、第三方快捷登录方式、用户协议、忘记密码、验证码选项及其他辅助信息。

常见的登录页的设计方式可分为两种，一种是以插图或图像作为页面的背景视觉元素（图 6-75），另一种是以纯色或渐变色作为页面背景视觉元素（图 6-76）。

在图 6-75 中，新氧的登录页使用图像作为背景设计，整体以暗色调为基准，登录信息输入框是灰色和白色的设计，新氧的图标设计在该页面是最醒目的。

在图 6-76 中，钉钉的登录页设计采用白色作为背景底色，登录信息输入框使用白色设计，确定按钮使用灰蓝色设计，第三方登录使用圆角矩形、圆形的线框和白底为搭配设计。

在这一节中，尝试用渐变色的方式制作一个登录页面。

（1）在 Photoshop 2021 中新建一个"预设详细信息""长度""宽度""分辨率"分别是

"登录页面设计""1125像素""2436像素""72ppi"的浅白色偏灰（#FFFFFF）画布（图6-77）。

图 6-75　新氧的登录页　　　图 6-76　钉钉 App 的登录页　　　图 6-77　浅白色偏灰画布

（2）在画布的上方用"矩形工具"■绘制一个较为明亮的绿色（#4CE5B1）方块（图6-78）。

（3）使用"矩形工具"■绘制出不同大小的方块，使其变成同样的填充度（20%）

，制作出一种城市高楼的感觉（图6-79）。

（4）复制上一步制作的城市图形，将复制好的图形缩小，并且叠加在该图形的上方，制作出层次感与渐变感（图6-80）。

图 6-78　绿色矩形　　　　　图 6-79　浅绿色高楼　　　　　图 6-80　城市渐变图形

（5）在之前的基础上使用"矩形工具"  创建一个圆角矩形，右击"矩形工具"切换成"直线工具"，并使用"直线工具"对矩形进行功能区域的分割（图6-81）。

（6）添加文字图层，分别是"注册"和"登录"，"注册"的字号和颜色分别是48点和"#C8C7CC"；"登录"的字号和颜色分别是48点和"#262628"（图6-82）。

（7）在重要文字下方使用"圆角矩形工具"添加一个与绿色矩形（#4CE5B1）相同色系的小方块，增加对文字内容的强调效果（图6-83）。

图 6-81　白色圆角矩形　　　　图 6-82　字体的添加　　　　图 6-83　绿色小矩形

（8）使用"钢笔工具"绘制倒三角形 ▼ 确定选区（按 Ctrl+Enter 组合键）并填充黑色（#000000）。使用"椭圆工具"按 Shift 键创建一个灰色（#C8C7CC）圆形，再使用"直线工具"绘制白色交叉形 ❌（图6-84）。

（9）在分好的区域中进行重要信息的文字输入，"用手机号码登录""+86 905070017"，其颜色和字号分别是黑色（#262628）和 34 号并加入绿色（#4CE5B1）矩形光标│来加深画面的细节（图6-85）。

（10）用"矩形工具"在画面的底端绘制一个浅灰色（#D6D8DE）的矩形，用作手机键盘的底色（图6-86）。

（11）在浅灰色色块中加入灰白色（#FFFFFF）的色块用作键盘按键的底色（图6-87）。

（12）在分好的色块中加入键盘按键内容，数字和大写字母，数字的字号是 50 号，大写字母字号是 20 号，字体颜色是"#030303"。

麦克风的图标绘制，使用"椭圆工具"和"直线工具"进行描绘🎤，其填充颜色是无，线条是黑色（#030303），3pt，到这一步整个登录页面的画面制作就完成了（图6-88）。

（13）保存文件。

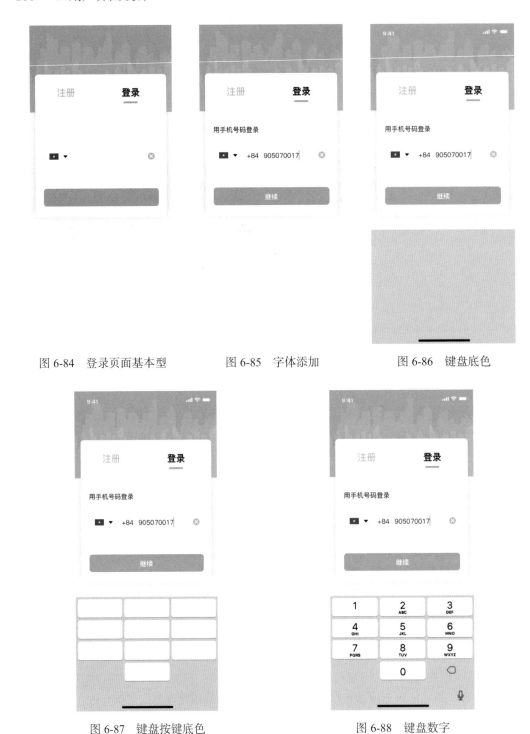

图 6-84　登录页面基本型　　　图 6-85　字体添加　　　图 6-86　键盘底色

图 6-87　键盘按键底色　　　　　　图 6-88　键盘数字

6.2.4　首页设计

首页风格直接决定了整套设计稿的视觉风格。首页风格需要考虑的维度有配色、图标、排版布局、字体等。常见的内容构成元素有广告图、图标、卡片、各个功能的入口等，大部分 App 会将产品的主要功能在首页提供给用户。

首页一般可以分为以下几种设计形式。

（1）入口导流型。主流的功能类、销售类 App 经常使用入口导流型的设计形式。如淘宝、麦乐送、大众点评等 App 都用的是在首页中将主要功能进行划分并给出不同的入口图标，方便用户第一时间进行选择（图 6-89）。

麦乐送 App（图 6-89）采用的是不同的入口图标，点餐的入口界面面积最大，放置于中部偏上的位置，能够让用户第一眼看到点餐入口，其他入口按需求面积逐渐递减。

（2）瀑布流型。常见的信息类 App 经常会使用该种方式将最热门的信息以卡片的形式推送给用户，在用户不断向上滑动手机屏幕的时候，可以看到更多的信息内容，如小红书（图 6-90）、微博（图 6-91）等 App。常见的视频类 App 如抖音也属于瀑布流的形式，将全屏视频不断地进行推送。

如图 6-90 所示，小红书以双排式长方形信息框瀑布流为主，投送信息较多是以图片为主和文字为辅的滑动信息投送界面设计。

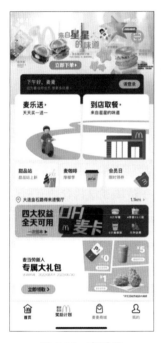

图 6-89　麦乐送　　　　　图 6-90　小红书　　　　　图 6-91　微博

如图 6-91 所示，微博的信息框以方形滑动瀑布流为主，方形面积大，能清晰了解到微博中的具体文字信息。

（3）对话列表型。这种 App 中比较有代表性的是微信，这种社交类软件将其核心功能——对话，以列表的形式一目了然地呈现给用户（图 6-92）。

如图 6-92 所示，智能手表中微信界面的设计是简洁绿色，绿色的聊天框设计让用户清晰了解自己发送的信息内容。

（4）主要功能型。一些 App 的产品是比较有针对性的，只针对某一具体的功能提供服务，所以其将核心功能放在首页上，如常用的高德地图这种导航类软件（图 6-93）。

图 6-92　智能手表中微信界面设计

图 6-93　高德地图

高德地图是导航类软件（图 6-93），导航定位是核心功能，界面占据面积最大的是地图定位，其他界面设计为辅助。

思考：你以前设计过页面吗？你发现了移动端页面设计与其他页面设计的不同吗？如果你设计过，可以拿出以往案例再利用我们的方法制作一个在移动端可以执行的页面；如果你是第一次进行页面设计，那你便可以利用我们的方法给自己设计一个可以在移动端执行的页面。要记住，你不一定要涵盖以上所有知识面，尽量多用，多参考，之后拿给周围的人尝试操作，听取宝贵意见并记录，计算出概率并进行改进，反思是否你丢掉了什么知识点。举一反三，开启你的第二次尝试。

6.3　使用 Adobe XD 设计 App 案例实践

1. 设计需求

设计一款美术馆 App 的 UI 设计，美术馆客户群体的主要活动是预约展览、观看展览、购买周边等行为活动，由客户群体的活动直接点明 App 中内容以展览图片为主，可采用瀑布流式的页面设计方法。

App 的设计中要具备启动页面、引导页面、登录页面、主页面、菜单栏、工具栏等页面设计。

2. 设计草图

页面设计草图如图 6-94 所示。

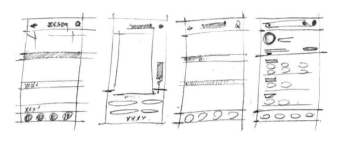

图 6-94　页面草图设计

3. 首页页面的设计过程

使用 Adobe XD 制作美术馆首页页面设计。

（1）打开 Adobe XD，在"打开新文档"中选择"iPhone 13"，即"宽度"和"长度"分别是"428 像素"和"926 像素"的界面（图 6-95）。

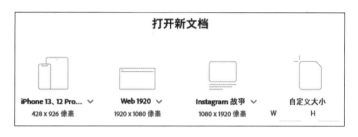

图 6-95　新建界面

（2）在画板上绘制灰色矩形 ⬜，将填充颜色改为"#74787C"，无轮廓颜色

再绘制一个"米白色圆角矩形"，将填充颜色改为"#EAE9E6"，并添加投影，其大小展示如图 6-96 所示。

（3）在灰色矩形中部偏下的位置，绘制 4 个圆角矩形，"填充""边界"分别为"无"和"#DEDCD2"，效果如图 6-97 所示。

（4）在白色边框中分别添加文字，"颜色""字体""大小"分别为"白色""PingFang SC""12"。4 个圆角矩形添加文字分别是"Exhibition 展览""Recommended 推荐""Tickets 在线购票""Join Us 加入会员"（图 6-98）。

（5）使用"圆形工具" ⭕ 绘制 4 个同样的白色圆形和一个灰色圆形，将其放置在灰色矩形的居中偏上的位置，并将其缩小到如图 6-99 所示的大小。

（6）添加文字 🅣 "LAFA Art Gallery"，其"大小""颜色""字体"分别是"10""#DEDCD2""Myanmar MN"，将其放置于灰色矩形内偏下的位置（图 6-100）。

（7）添加文字 🅣 "鲁迅美术学院 美术馆"，其"大小""颜色""字体"分别是"14""#383636""PingFang SC"。再添加英文"EN"，其"大小""颜色""字体"分别是"18""#383636""Helvetica"，放置于与"鲁迅美术学院 美术馆"齐平靠右上角的位置（图 6-101）。

图 6-96　灰白矩形　　　　图 6-97　白色按钮边框　　　　图 6-98　圆角矩形添加文字

图 6-99　白色圆形　　　　图 6-100　英文字体添加　　　图 6-101　白色圆角矩形文字添加

（8）使用"钢笔工具" ✎ 勾勒"最新展览"的字体（图 6-102），添加文字"New Exhibition"，其"大小""颜色""字体"分别是"12""#2E2E2E""FZYanSongS-R-GB"，使用"三角形工具" △ 绘制三角形，其"填充"和"边界"分别是"#74787C"和"无" ，将其旋转 90°放置于圆角矩形右下角的位置（图 6-103）。

（9）选择博物馆展览当期的海报，将其照片导入 Adobe XD 软件，将其缩放到如图 6-104 所示的大小。

图 6-102　最新展览　　　　　图 6-103　右下角文字添加　　　　　图 6-104　海报导入

（10）保存文件，并将制作完成的画板导出为图片。

4. 主页面的设计过程

使用 Adobe XD 制作美术馆主页面的设计。

（1）打开 Adobe XD，在"打开新文档"中选择"iPhone 13"，即"宽度"和"长度"分别是"428 像素"和"926 像素"的界面（图 6-105）。

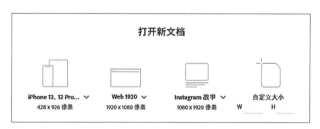

图 6-105　新建界面

（2）使用"矩形工具"分别绘制两个黑色矩形，其"填充""边界"分别是"#383636""无"，将其分别放置在图 6-106 中的顶部和底部位置并调整其高度。

（3）在顶部的黑色矩形中添加文字"艺术视听"，其"大小""颜色""字体"分别是"14""#F6F9FC""PingFang SC"。其放置位置变量如图 6-107 所示。使用"钢笔工具"绘制出白色线条的"箭头" ← ，将其放置于顶部黑色矩形的左下角并与文字"艺术视听"齐平。使用"圆形工具" ○ 与"直线工具" ╱ 绘制"放大镜" 🔍，绘制一个无填充白色线条圆形与旋转 45° 的直线连接的图形，效果如图 6-108 所示。

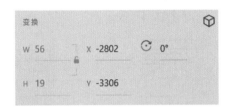

图 6-106　黑色矩形　　　　　　　　图 6-107　"艺术视听"放置位置变量

（4）添加文字 T "首页"，其"大小""颜色""字体"分别是"12""#F6F9FC"
"Noto Serif SC"。使用"钢笔工具" ✐ 绘制"家"的图形 ⌂，将文字"首页"和图案"家"
组合 ，放置于底部黑色信息栏中的第一位（图 6-109）。

（5）添加文字 T "展览"，其"大小""颜色""字体"分别是"12""#F6F9FC"
"Noto Serif SC"。使用"钢笔工具" ✐ 绘制"建筑"的图形 ，其灰色填充是"#8E8E8E"，
白色是"#F6F9FC"，将文字"展览"和图案"建筑"组合 ，放置于底部黑色信息栏中的第
二位（图 6-110）。

图 6-108　上方信息栏　　　　图 6-109　"首页"图标位置　　　图 6-110　"展览"图标位置

（6）添加文字 T "推荐"，其"大小""颜色""字体"分别是"12""#F6F9FC""Noto Serif SC"。使用"钢笔工具" ✐ 绘制"组合图形"的图形 ▲，将文字"推荐"和图案"组合图形"组合 ▲，放置于底部黑色信息栏中的第三位（图 6-111）。

（7）添加文字 T "我的"，其"大小""颜色""字体"分别是"12""#F6F9FC""Noto Serif SC"。使用"钢笔工具" ✐ 绘制"人"的图形 ⬛，将文字"我的"和图案"人"组合 ⬛，放置于底部黑色信息栏中的第四位（图 6-112）。

（8）插入海报在白色位置，并裁剪多余的空白部分。在海报的下方添加"黑色矩形"，其"填充""边界"分别是"#383636""无" 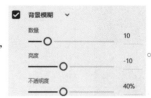，并添加背景模糊，其"数量"

"亮度""不透明度"分别是"10""−10""40%" 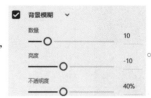 。添加文字 T "艺

术试听内容题目项"，其"大小""颜色""字体"分别是"14""#FFFFFF""PingFang SC"，添加文字 T "Lorem ipsum dolor sit amet, consetetur sadipscing elitr, sed diam"，其"大小""颜色""字体"分别是"10""#DBD1D1""NArial"（图 6-113）。

图 6-111 "推荐"图标位置　图 6-112 "我的"图标位置　图 6-113 推荐海报添加

（9）将剩下的海报添加完成，并将其间隔"3"的距离（图 6-114）。

（10）将文件保存，并将制作完成的画板导出为图片。

5. 个人页面的设计过程

使用 Adobe XD 制作美术馆个人页面设计。

（1）打开 Adobe XD，在"打开新文档"中选择"iPhone 13"，即"宽度"和"长度"分别是"428 像素"和"926 像素"的界面（图 6-115）。

图 6-114   添加海报

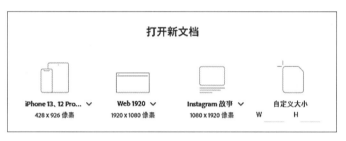

图 6-115   新建界面

（2）使用"矩形工具"分别绘制两个黑色矩形，其"填充""边界"分别是"#383636""无"，将其分别放置在图 6-116 中的顶部和底部位置并调整其高度（图 6-116）。

图 6-116   黑色矩形

（3）添加文字 Ｔ "首页"，其"大小""颜色""字体"分别是"12""#F6F9FC""Noto Serif SC"。使用"钢笔工具" ✐ 绘制"家"的图形 ⌂，将文字"首页"和图案"家"组合 ，放置于底部黑色信息栏中的第一位（图 6-117）。

（4）添加文字 Ｔ "展览"，其"大小""颜色""字体"分别是"12""#F6F9FC""Noto Serif SC"。使用"钢笔工具" ✐ 绘制"建筑"的图形 ，将文字"展览"和图形"建筑"组合 ，放置于底部黑色信息栏中的第二位（图 6-118）。

（5）添加文字 Ｔ "推荐"，其"大小""颜色""字体"分别是"12""#F6F9FC""Noto Serif SC"。使用"钢笔工具" ✐ 绘制"组合图形"的图形 ，将文字"推荐"和图案"组合图形"组合 ，放置于底部黑色信息栏中的第三位（图 6-119）。

（6）添加文字 Ｔ "我的"，其"大小""颜色""字体"分别是"12""#F6F9FC""Noto Serif SC"。使用"钢笔工具" ✐ 绘制"个人"的图形 ，将文字"我的"和图案"个人"组合 ，放置于底部黑色信息栏中的第四位（图 6-120）。

（7）使用"矩形工具"绘制灰色矩形，其"填充""边界"分别为"#929292""无"，并添加"投影"，参数如图 6-121 所示，将其大小与位置调整到如图 6-122 所示的位置。

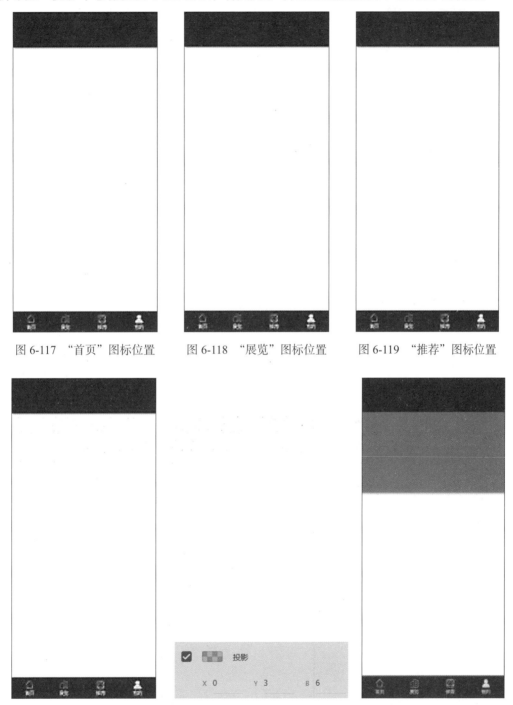

图 6-117 "首页"图标位置　　　图 6-118 "展览"图标位置　　　图 6-119 "推荐"图标位置

图 6-120 "我的"图标位置　　　图 6-121 "投影"参数　　　图 6-122 灰色矩形

（8）使用"矩形工具" □ 绘制白色圆角矩形，其"填充""边界"分别是"#FFFFFF""无"。绘制"放大镜" Q，使用"圆形工具" ○ 和"直线工具" ╱，分别绘制黑色（#000000）

图 6-123　搜索条设计

空心圆形、黑色（#000000）直线。再添加英文"EN"，其"大小""颜色""字体"分别是"18""#383636""Helvetica"，放置于白色圆角矩形条右边居中位置。添加文字"Search ..."，其"大小""颜色""字体"分别是"16""#BABABA""Helvetica Neue"，放置于白色矩形条内部的左边，效果如图 6-123 所示。

（9）使用"圆形工具"绘制蓝色圆形，其"填充""边界"分别是"#75C7D8""#F6F9FC"，其"边界"大小为"2"。将绘制好的白色"个人"图案放置于蓝色圆形位置。使用"矩形工具"绘制白色矩形放置于灰色矩形的右下角（图 6-124）。

（10）使用"钢笔工具"将钻石的面绘制出来，依次绘制 #E07067 的钻石底座、#F8BFA6 的三角形状、#EFEDBB 的黄色三角形、#F3875F 的橙色三角形、#FCEADF 的中间裸色三角形、#F8BFA6 的右边小三角形、#F3875F 的下部中间大橙色三角形，钻石绘制完成（图 6-125）。

（11）添加文字"Username"，其"大小""颜色""字体"分别是"16""#FFFFFF""Noto Serif SC"。添加文字"会员有效期至 2020-01-16"，其"大小""颜色""字体"分别是"12""#FFFFFF""Noto Serif SC"，将其放置于"个人"图案的右边；添加文字"艺识者"，其"大小""颜色""字体"分别是"18""#FFFFFF""STZhongsong"，放置于"钻石"图案的上方；添加文字"立即续费"，其"大小""颜色""字体"分别是"12""#FFFFFF""STZhongsong"，放置于白色圆角矩形内。完整效果如图 6-126 所示。

图 6-124　蓝色"个人"图案位置

图 6-125　橙色钻石

图 6-126　灰色矩形文字添加

（12）添加文字"我的账户""我的内容""我的服务"，其"大小""颜色""字体"分别是"16""#312F2F""STZhongsong"，其位置分布如图 6-126 所示。添加直线，其"颜色""大小"分别是"#E5DFDF""1"（图 6-127）。

（13）图形绘制，使用"圆角矩形"将信封的长方体绘制出来，再使用"直线工具"将"信封"的三角形绘制出来，添加文字"系统消息"，其"大小""颜色""字体"分别是"16""#383636""Noto Nastaliq Urdu"，绘制完成如图 6-128 所示，将图标放置于"我的账户"的正下方（图 6-129）。

图 6-127　白色区域的文字添加　　图 6-128　"信封"图形　　图 6-129　"系统消息"图标位置

（14）绘制图标"支持美术馆"，使用"钢笔工具"将钻石外轮廓描绘出来，再使用"钢笔工具"在内部添加 V 形，添加文字"支持美术馆"，其"大小""颜色""字体"分别是"16""#383636""Noto Nastaliq Urdu"，绘制完成如图 6-130 所示，放置于"系统消息"的右边（图 6-131）。

图 6-130　"支持美术馆"图标

（15）绘制图标"交易记录"，使用"圆角矩形工具"绘制方形，添加文字"交易记录"，其"大小""颜色""字体"分别是"16""#383636""Noto Nastaliq Urdu"，绘制完成如图 6-132 所示，放置于"支持美术馆"的右边（图 6-133）。

（16）绘制图标"我的订单"，使用"圆角矩形工具"绘制方形，使用"直线工具"绘制三条递减的直线，使用"圆形工具"绘制"放大镜"的圆并添加直线作为"柄"（图 6-134），添加文字"我的订单"，其"大小""颜色""字体"分别是"16""#383636""Noto Nastaliq Urdu"，放置于"系统消息"下方（图 6-135）。

图 6-131 "支持美术馆"图标位置　　　　　　　图 6-132 "交易记录"图标

图 6-133 "交易记录"图标位置　图 6-134 "我的订单"图标　图 6-135 "我的订单"图标位置

（17）绘制图标"地址管理"，使用"钢笔工具"绘制水滴形，使用"圆形工具"在图像中添加圆形，添加直线位于图形的下方（图 6-136）。添加文字"地址管理"，其"大小""颜色""字体"分别是"16""#383636""Noto Nastaliq Urdu"，放置于"我的订单"右边（图 6-137）。

   地址管理

图6-136 "地址管理"图标

图6-137 "地址管理"图标位置

（18）绘制图标"优惠券"，使用"钢笔工具"绘制水滴形，使用"圆形工具"在图像中添加圆形，添加直线位于图形的下方（图6-138）。添加文字"优惠券"，其"大小""颜色""字体"分别是"16""#383636""Noto Nastaliq Urdu"，放置于"地址管理"右边（图6-139）。

优惠券

图6-138 "优惠券"图标

图6-139 "优惠券"图标位置

（19）绘制图标"我的收藏"，使用"钢笔工具"绘制边界大小为"1.5"的爱心形，添加文字"我的收藏"，其"大小""颜色""字体"分别是"16""#383636""Noto Nastaliq Urdu"（图6-140），放置于"我的内容"大标题的正下方。

（20）绘制图标"我的评论"，使用钢笔工具绘制边界大小为"1.5"的矩形轮廓，添加三个小椭圆形在图框内部（图6-141）。添加文字"我的评论"，其"大小""颜色""字体"分别是"16""#383636""Noto Nastaliq Urdu"，放置于"我的收藏"右边（图6-142）。

图6-140　"我的收藏"图标　　　　　　　　图6-141　"我的评论"图标

（21）绘制图标"设置"，使用"钢笔工具"绘制边界大小为"1.5"齿轮，在内部使用"圆形工具"添加圆形（图6-143）。添加文字"设置"，其"大小""颜色""字体"分别是"16""#383636""Noto Nastaliq Urdu"，放置与"我的服务"大标题的正下方。

（22）绘制图标"意见反馈"，使用"钢笔工具"绘制边界大小为"1.5"钢笔的图形，底部添加直线（图6-144）。添加文字"意见反馈"，其"大小""颜色""字体"分别是"16""#383636""Noto Nastaliq Urdu"，放置于"设置"图标的右方（图6-145）。

图6-142　"我的评论"图标位置　　　图6-144　"意见反馈"　　　图6-145　"意见反馈"图标位置

6. 推荐页面的设计过程

使用Adobe XD制作美术馆推荐页面设计。

（1）打开Adobe XD，在"打开新文档"中选择"iPhone13"，即"宽度"和"长度"分别是"428像素"和"926像素"的界面（图6-146）。

图 6-146　新建界面

（2）使用"矩形工具"分别绘制两个黑色矩形，其"填充""边界"分别是"#383636""无"，将其分别放置在图 6-147 中的顶部和底部位置并调整其高度。

（3）在顶部的黑色矩形中添加文字"艺术沙龙"，其"大小""颜色""字体"分别是"14""#F6F9FC""PingFang SC"，放置位置变量如图 6-148 所示。使用"钢笔工具"绘制出白色线条的"箭头" ←，将其放置于顶部黑色矩形的左下角并与文字"艺术沙龙"齐平。使用"圆形工具" ○ 与"直线工具" ╱ 绘制"放大镜" ，绘制一个无填充白色线条圆形与旋转 45° 的直线连接的图形，效果如图 6-149 所示。

图 6-147　黑色矩形　　图 6-148　"艺术沙龙"位置变量　　图 6-149　顶部信息栏

（4）添加文字 T "首页"，其"大小""颜色""字体"分别是"12""#F6F9FC""Noto Serif SC"。使用"钢笔工具" 绘制"家"的图形，将文字"首页"和图案"家"组合，放置于底部黑色信息栏中的第一位（图 6-150）。

（5）添加文字 T "展览"，其"大小""颜色""字体"分别是"12""#F6F9FC""Noto Serif SC"。使用"钢笔工具" 绘制"建筑"的图形，将文字"展览"和图案"建筑"组合，放置于底部黑色信息栏中的第二位（图 6-151）。

（6）添加文字 T "推荐"，其 "大小" "颜色" "字体" 分别是 "12" "#F6F9FC" "Noto Serif SC"。使用 "钢笔工具" ✐ 绘制 "组合图形" 的图形 ◬ 并填充颜色 #8E8E8E ◬，将文字 "推荐" 和图案 "组合图形" 组合 ▣，放置于底部黑色信息栏中的第三位（图 6-152）。

图 6-150 "首页" 图标位置　　图 6-151 "展览" 图标位置　　图 6-152 "推荐" 图标位置

（7）添加文字 T "我的"，其 "大小" "颜色" "字体" 分别是 "12" "#F6F9FC" "Noto Serif SC"。使用 "钢笔工具" ✐ 绘制 "人" 的图形 ▣，将文字 "我的" 和图案 "人" 组合 ▣，放置于底部黑色信息栏中的第四位（图 6-153）。

（8）插入海报在白色位置，并裁剪多余的部分（图 6-154），在海报的下方添加黑色矩形，其 "填充" "边界" 分别是 "#383636" "无" 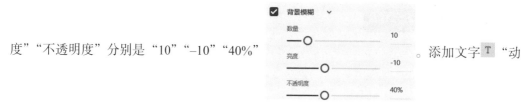，并添加背景模糊，其 "数量" "亮度" "不透明度" 分别是 "10" "–10" "40%" 。添加文字 T "动画制作的经验分享"，其 "大小" "颜色" "字体" 分别是 "14" "#FFFFFF" "PingFang SC"，添加文字 T "Lorem ipsum dolor sit amet, consetetur sadipscing elitr, sed diam"，其 "大小" "颜色" "字体" 分别是 "10" "#DBD1D1" "NArial"（图 6-154）。

（9）将剩下的海报添加完成，并将其间隔 "3" 的距离（图 6-155）。

（10）将文件保存，并将制作完成的画板导出为图片。

图 6-153 "我的"图标位置

图 6-154 推荐海报添加

图 6-155 添加海报

　　思考: 这套利用 Adobe XD 设计的美术馆案例帮助到你了吗? 仔细分析, 依据以上步骤操作, 用 Adobe XD 重新设计一个案例, 可以是餐厅、体育馆、寝室或是任何你所了解的东西。一定做好调研, 充分了解用户需求, 做好记录和总结。当你完成了一个草图时, 注意分享给大家, 并做出二次优化, 看看 Adobe XD 是否可以更好地帮助你解决问题。牢记, 一定要大胆想象和创意在先, 之后再利用所学知识和操作方法。

参考文献

[1] 高金山 . UI 设计必修课:游戏 + 软件 + 网站 +App 界面设计教程 [M]. 北京:电子工业出版社,
    2017.

[2] 王晨升 . 用户体验与系统创新设计 [M]. 北京:清华大学出版社,2018.

[3] 余振华 . 术与道:移动应用 UI 设计必修课 [M]. 2 版 . 北京:人民邮电出版社,2017.

[4] 创锐设计 . Photoshop CC 移动 UI 界面设计与实战 [M]. 2 版 . 北京:电子工业出版社,2018.

[5] 殷俊,刘媛霞 . UI 界面设计 [M]. 武汉:武汉大学出版社,2019.

[6] 周陟 . UI 进化论:移动设备人机交互界面设计 [M]. 北京:清华大学出版社,2010.

[7] 康帆,陈莹燕 . 交互界面设计 [M]. 武汉:华中科技大学出版社,2019.

[8] 孙彤辉 . 平面构成 [M]. 武汉:湖北美术出版社,2009.

[9] 薛志荣 . AI 改变设计:人工智能时代的设计师生存手册 [M]. 北京:清华大学出版社,2019.

[10] 网易用户体验设计中心 . 以匠心,致设计:网易 UEDC 用户体验设计 [M]. 北京:电子工业出版社,
    2018.

[11] 李万军 . 用户体验设计 [M]. 北京:人民邮电出版社,2018.

[12] 张晨起 . Photoshop 网站 UI 设计 [M]. 2 版 . 北京:机械工业出版社,2018.

[13] 肖勇,杜治方 . UI 设计 [M]. 北京:中国轻工业出版社,2019.

[14] 搜狐新闻客户端 UED 团队 . 设计之下:搜狐新闻客户端的用户体验设计 [M]. 北京:电子工业出
    版社,2014.

[15] 科尔伯恩 . 简约至上:交互式设计四策略 [M]. 李松峰,秦绪文,译 . 北京:人民邮电出版社,
    2011.

[16] 梁景红 . 设计配色基础 [M]. 北京:人民邮电出版社,2011.

[17] 王蓉 . 工业设计与人工智能 [M]. 长春:吉林美术出版社,2019.

[18] 杰夫 · 约翰逊 . 认知与设计:理解 UI 设计准则 [M]. 2 版 . 张一宁,王军锋,译 . 北京:人民邮电
    出版社,2014.

[19] 邓开发,战冰,邬春学,等 . 人工智能与艺术设计 [M]. 上海:华东理工大学出版社,2019.

[20] 李万军 . UI 设计必修课:Sketch 移动界面设计教程 [M]. 北京:电子工业出版社,2017.